U0251098

总顾问 ◎ 孟传金　吴吞景　　顾　问 ◎ 张显光　刘国雄

实用麻蝇
彩色图鉴

主　编 ◎ 岳巧云　　副主编 ◎ 刘德星　邱德义　陈健　单振菊　张勤

暨南大学出版社
JINAN UNIVERSITY PRESS

中国·广州

图书在版编目（CIP）数据

实用麻蝇彩色图鉴/岳巧云主编. —广州：暨南大学出版社，2016.1
ISBN 978-7-5668-1707-5

Ⅰ.①实… Ⅱ.①岳… Ⅲ.①麻蝇科—图集 Ⅳ.①Q969.44-64

中国版本图书馆CIP数据核字（2015）第301754号

出版发行：暨南大学出版社

地　　址：中国广州暨南大学
电　　话：总编室（8620）85221601
　　　　　营销部（8620）85225284　85228291　85228292（邮购）
传　　真：（8620）85221583（办公室）　85223774（营销部）
邮　　编：510630
网　　址：http://www.jnupress.com　http://press.jnu.edu.cn
排　　版：广州市科普电脑印务部
印　　刷：深圳市新联美术印刷有限公司
开　　本：787mm×1092mm　1/16
印　　张：10
字　　数：186千
版　　次：2016年1月第1版
印　　次：2016年1月第1次
印　　数：1—1000册
定　　价：98.00元

《实用麻蝇彩色图鉴》编委会

前　言

我国幅员辽阔，地理、气候条件和生态系统复杂多样，孕育了极为丰富多样的生物资源，其中昆虫资源尤其丰富。麻蝇，属昆虫纲双翅目，分布极其广泛。麻蝇以卵胎生的方式繁殖，大部分种类在腐肉、粪便或者腐败的物质上产蛆，少数种类在哺乳动物的伤口上产蛆。麻蝇体内、体外都携带了大量的多种病原体，如细菌类、病毒类、寄生虫类等，能引发多种疾病，给人类健康带来极大的威胁。

随着全球经济一体化的加速发展，国际贸易和旅游日趋频繁，全球气候变暖和生境脆化，导致包括麻蝇在内的医学媒介生物的种类、密度和分布等特性发生了很大变化，随之其携带和传播的疾病也出现了扩散范围广、扩散速度快、发生频次加快、强度增加的现象；新发的传染病不断出现，各种公共卫生风险一旦发生便会迅速传遍全球，给人类的生命健康带来前所未有的威胁。由于与人类生活密切相关，麻蝇是国境口岸重点防控的对象之一。

本书以中山出入境检验检疫局2012—2014年在全国范围内的口岸和野外本底调查研究中所得的部分麻蝇为基础，选取其中74种，详细描述了其外部特征，并拍摄了雄性外生殖器，为麻蝇的准确鉴定提供了可靠的依据。

本书可供从事蝇类研究和蝇类防治的科技人员、出入境医学媒介检疫实验室、各级防疫站工作人员以及医学大专院校和综合性大学医学媒介生物专业的师生参考。

由于编者学术水平有限，时间仓促，本书仅包括了中国和外来的部分麻蝇的种类，书中的错误和不足之处在所难免，敬请广大读者和同行批评指正。

岳巧云

2015年10月16日于中山

目　录

第一章　分类特征和术语

麻蝇隶属于昆虫纲Insecta，双翅目Diptera，环裂亚目Cyclorrhapha，有缝组Schizophora，有瓣蝇类Calyptratae，是麻蝇科Sarcophagidae种类的总称，种类极其丰富。

一、麻蝇的基本鉴定特征

麻蝇身体分头、胸、腹三部分，具有1对前翅，后翅退化成平衡棒，具有1对上下腋瓣。主要的鉴别特征总结如下：

（一）头部

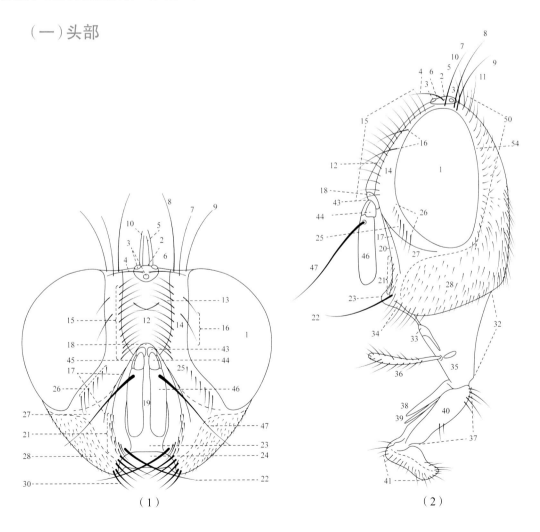

（1）　　　　　　　　　　（2）

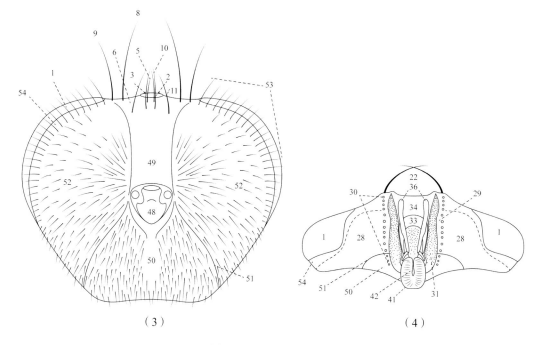

（3）　　　　　　　　　　　（4）

图 1　头部模式图（仿 范滋德，1992）

（1）前面观；（2）侧面观；（3）后面观；（4）腹面观

1.复眼；2.单眼三角；3.单眼；4.单眼鬃；5.单眼后鬃；6.头顶；7.前顶鬃（后倾上眶鬃）；8.内顶鬃；9.外顶鬃；10.后顶鬃；11.侧后顶鬃；12.间额；13.间额鬃；14.侧额；15.额鬃（下眶鬃）；16.侧额鬃（前倾上眶鬃）；17.额囊缝；18.新月片；19.中颜板；20.颜堤；21.颜脊；22.髭；23.口上片；24.缘膜；25.侧颜；26.侧颜鬃；27.下侧颜；28.颊；29.口缘部；30.口缘鬃；31.口器窝；32.基喙；33.上唇基；34.梯形板；35.负须片；36.下颚须；37.中喙；38.上唇；39.中舌；40.前颏；41.口盘；42.唇瓣口；43.触角第一节；44.触角第二节；45.触角第二节上的裂缝；46.触角第三节；47.触角芒；48.后头孔；49.上后头；50.下后头；51.颊后头沟；52.侧后头；53.眼后鬃；54.后眶部

1. 头部的主要分类特征

麻蝇类头部呈半球形，有复眼 1 对、触角 1 对、单眼 3 个，位于单眼三角区内；头的下方有口器。

（1）后头。

头部和胸部紧接的部分为后头，此部分具有分类鉴别意义的特征为复眼后方一行至数行的眼后鬃。

（2）头顶。

头顶位于头部的最上方，两个复眼之间的部分，着生有 3～4 对鬃。前顶鬃一般略向后方倾斜，内顶鬃一般倾向内后方，外顶鬃一般向外方，后顶鬃一般向前、略向外方，有时还具有数目不固定的侧后顶鬃。具有或不具有这些鬃有一定的分类意义。

（3）额。

额位于头顶的前方，两复眼前缘之间，额囊缝之上的区域分为间额和侧额。间额为额的正中部；侧额在额的两侧和眼缘相接，内缘有1列额鬃（下眶鬃），大多数雌蝇和少数雄蝇侧额的中部或者外侧常有2根侧额鬃（上眶鬃）；额宽率（额宽与头宽的比例）具有重要的鉴别意义，在雄蝇中额宽、侧额宽和间额宽为额的最窄处，雌蝇中则为额中段的宽度。

（4）颜及侧颜。

颜位于额囊缝之下，由新月片（1个）、中颜板、口上片和颜堤（1对）组成。新月片下方有1对触角，触角的形状具有重要的分类意义；中颜板占颜的大部分，一般平坦，有些种类中部具有条状隆起的颜脊，或者在触角基部之间有楔形隆起的触角间楔；颜堤位于中颜板的两侧，上具颜鬃，下端常具一大形的髭；口上片位于颜堤下端之间，有些种类口上片特别发达而突出。

侧颜在额囊缝的外侧眼前缘处。侧颜裸或者具毛与否及其侧颜宽（侧颜中段从额囊缝到眼缘的宽度）具有一定的分类意义。

（5）颊。

颊位于复眼和侧颜的下侧。颊高（头侧面观时颊的垂直高度）和颊毛的颜色具有一定的分类意义。

（6）复眼及单眼。

复眼1对，位于头的两侧，由许多小眼面组成。根据两复眼间的距离，可分为合生眼和离生眼；单眼一般为3个，一前两后，常具1对单眼鬃，在某些蝇类中，单眼三角区向前延伸至额部形成额三角。

（7）触角。

触角1对，一般分3节，第三节外前方有1根触角芒。触角芒的形状及触角第三节和第二节的长度比例具有一定的分类意义。

（8）口器。

口器称为喙，由基喙、喙主体和口盘三部分组成。其中基喙部分的下颚须和喙主体部分的下唇（下唇特化成舐吸式或者刺螫式）在某些种类中具有重要的分类意义。

2.头部的计测

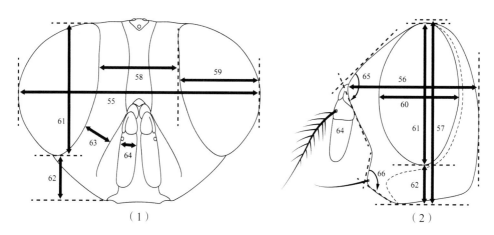

（1）　　　　　　　　　　　　　　　　　　　（2）

图2　头部的计测模式图（仿 范滋德，1992）

（1）前面观；（2）侧面观。

　　55.头宽；56.头长；57.头高；58.额宽；59.眼宽；60.眼长；61.眼高；62.颊高；63.侧颜宽；64.触角第三节宽；65.额角；66.髭角

（1）头宽。

前面观，头的最大横径。

（2）头长。

侧面观，与体纵轴平行的头的最大长径。

（3）头高。

与体纵轴垂直的最大高径。

（4）额宽。

雄虫额的最狭处，雌虫额中段的宽度。

（5）额宽率（额宽/头宽）。

额宽与头宽的比值。

（6）眼宽。

前面观，一复眼的水平线上最大的横径。

（7）眼长。

侧面观，与体纵轴平行的眼的最大长径。

（8）眼高。

侧面观，与体纵轴垂直的眼的最大高径。

(9)颊高。

侧面观,与体纵轴垂直的颊的最高径。

(10)侧颜宽。

侧颜中段表面自额囊缝至眼缘之间的宽度。

(11)额角。

侧面观,额前端所形成的角度。

(12)髭角。

侧面观,颜堤下端所形成的角。

(二)胸部

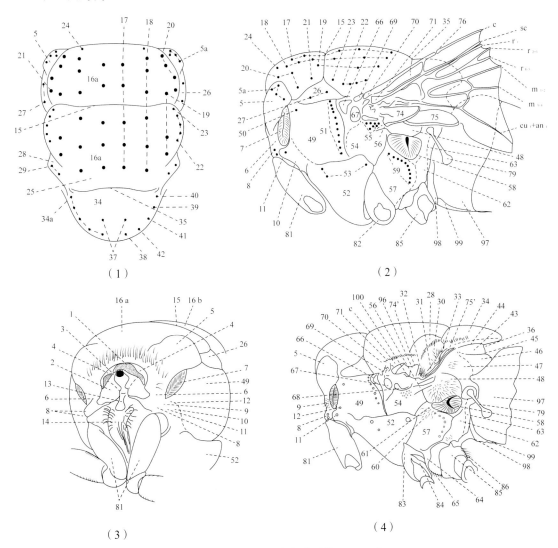

（1） （2）

（3） （4）

图3 胸部模式图(仿 范滋德,1992)

（1）背面观，示各骨片和鬃序；（2）侧面观，示各骨片和鬃序；（3）前面观（略偏左侧面，头部已去除），示颈部及前胸各部构造；（4）侧面观，示胸部各骨片上的纤毛群。图内标注字母的说明同图4。

1.颈孔；2.侧颈片；3.负头突；4.领片；5.肩胛；5a.肩鬃；6.前胸侧板（前胸前侧片）；7.前气门（中胸气门）；8.前侧片鬃；9.前胸侧板中央凹陷部的纤毛；10.前胸后侧片；11.前气门鬃；12.上前气门鬃；13.前胸前腹片；14.前胸基腹片；15.盾沟；16a.盾片沟前部（中胸前盾片）；16b.盾片沟后部（中胸后盾片）；17.中鬃；18.背中鬃；19.翅内鬃；20.肩后鬃；21.沟前鬃；22.翅上鬃；23.翅前鬃；24.盾前鬃；25.内后背中鬃；26.背侧片；27.背侧片鬃；28.翅后胛；29.翅后鬃；30.翅后坡；31.腋瓣上肋；32.听膜簇；33.后瓣旁簇；34.小盾片；34a.小盾缘鬃；35.小盾沟；36.小盾下纤毛；37.小盾心鬃；38.小盾端鬃；39.小盾基鬃；40.小盾前基鬃；41.小盾侧鬃；42.小盾亚端鬃；43.后小盾片；44.后小盾片膜；45.后小盾片沟；46.中胸后背片；47.上侧背片；48.下侧背片；49.中侧片；50.前中侧片鬃；51.后中侧片鬃；52.腹侧片；53.腹侧片鬃；54.翅侧片；55.翅侧片鬃；56.腋瓣下肋；57.下侧片；58.后气门；59.下侧片鬃；60.下侧片纤毛；61.后气门前肋；62.后胸侧板前区；63.后胸侧板后区；64.后胸腹板；65.后胸腹板纤毛；66.翅前副片；67.翅下大结节；68.翅下小结节；69.翅肩鳞；70.前缘基鳞；71.亚前缘骨片；72.翅尖；73.翅瓣；74.上腋瓣；74′.上腋瓣截痕；75.下腋瓣；75′.下腋瓣截痕；76.前缘脉切口；77.前缘刺；78.径脉结节；79.平衡棒；80.足部基节；81.前足基节；82.中足基节；83.基部基节骨片；84.端部基节骨片；85.后足基节；86.后足基节后背面纤毛；87.转节；88.股节；89.胫节；90.跗节；91.第一分跗节；92.前跗节；93.爪；94.爪垫；95.爪尖突；96.翅基截痕；97.第一、二合背板；98.第一腹板；99.第二腹板；100.腋瓣突

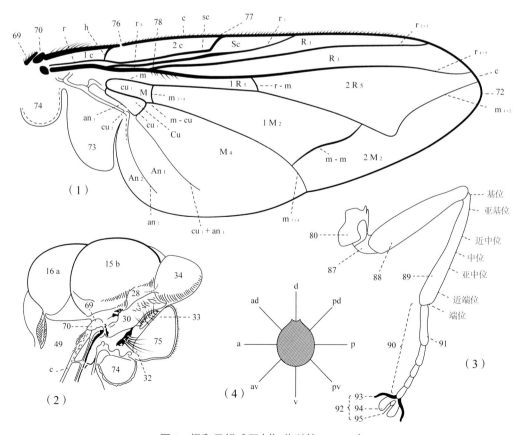

图4　翅和足模式图（仿 范滋德，1992）

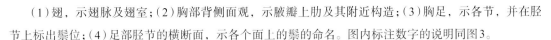

（1）翅、示翅脉及翅室；（2）胸部背侧面观，示腋瓣上肋及其附近构造；（3）胸足，示各节，并在胫节上标出鬃位；（4）足部胫节的横断面，示各个面上的鬃的命名。图内标注数字的说明同图3。

c.前缘脉；sc.亚前缘脉；r.干径脉；r_1.第一径脉；r_5.分径脉；r_{2+3}.第二、三合径脉；r_{4+5}.第四、五合径脉；m.中脉；m_{1+2}.第一、二合中脉；m_{3+4}.第三、四合中脉；cu_1.第一肘脉；cu_1+an_1.肘臀合脉；cu_2.第二肘脉；an_1.第一臀脉；an_2.第二臀脉；h.肩横脉；r-m.径中横脉；m-m.中中横脉；m-cu.中肘横脉；1c.基前缘室；2c.端前缘室；Sc.亚前缘室；R_1.第一径室；R_3.第三径室；$1R_5$.基第五径室；$2R_5$.端第五径室；$1M_2$.基第二中室；$2M_2$.端第二中室；M.基第四中室；M_4.端第四中室；cu.肘室；An_1.第一臀室；An_2.第二臀室；d.背鬃；ad.前背鬃；v.腹鬃；pd.后背鬃；a.前鬃；av.前腹鬃；p.后鬃；pv.后腹鬃。

麻蝇胸部分3节，胸部背面大部分由中胸盾片所构成。每节有足1对，中胸有前翅1对，后胸有1对由后翅退化而成的平衡棒，中胸和后胸各有1对气门。

1. 前胸

退化，由肩胛、前胸侧板和前胸腹板三部分构成。肩胛上生肩鬃；前胸侧板着生前侧片鬃，前气门中央凹陷处有无纤毛是鉴别蝇种属的重要特征之一；前胸腹板位于两前足基节之间，由前胸前腹片和前胸后腹片两部分组成，前胸前腹片狭小一般无毛，前胸后腹片较大，有时具纤毛。

2. 中胸

发达，分为中胸背板和中胸侧板两大部分。

（1）中胸背板。

包括盾片、小盾片、后小盾片和侧背片等部分。

盾片：占胸部背面的大部分，由盾沟分为沟前部分和沟后部分，盾片上有下列各鬃：中鬃、背中鬃、翅内鬃、肩后鬃、沟前鬃、翅上鬃、翅前鬃等。腋瓣上肋位于下腋瓣基缘的上内方，为一狭长的隆条，上着生小刚毛或无，按刚毛着生的位置分为腋瓣上肋刚毛丛和腋瓣下肋刚毛丛。刚毛的有无为某些种属的重要鉴别特征之一。

小盾片：位于盾片的后方，背面略呈三角形或者半圆形，向后方突出。下盾片的下表面有无纤毛，以及纤毛的多少、颜色、分布范围等在某些种属中颇具鉴别意义；上表面具小盾心鬃和小盾缘鬃等几对鬃。

后小盾片：在小盾片的后下方，在寄蝇总科中明显呈垫状隆起，突出在小盾片的下方。

侧背片：上侧背片位于后气门的前上侧、下腋瓣的后下方；下侧背片又称后气门上隆起，位于上背侧片的前下方。上侧背片上有无纤毛，下侧背片上有无鬃毛列为重要的分类特征。

（2）中胸侧板。

具有分类意义的特征包括腹侧片上鬃的根数和前、后排列形式；下侧片上有无呈弧形排列成行的鬃列，是分科的重要特征；腋瓣下肋前后有无刚毛丛也具有一定的分类意义。

3. 后胸

退化。后胸背板退化；后胸侧板狭小，上生平衡棒；后胸腹板，位于后足基节中间的前方，为一横的三角形骨片，有时具纤毛。

4. 翅

前翅一般发达，后翅退化为平衡棒。翅上翅脉的分布和翅室的形状具有分类意义。详见图4。

5. 足

前足、中足、后足分别位于前、中、后三个胸节上。自基部到端部足可以分为基节、转节、股节、胫节、跗节、前跗节等。股节上的鬃、毛、栉、齿和刺在分类上有一定的意义。胫节上的鬃、毛等具有重要的分类意义。

（三）腹部

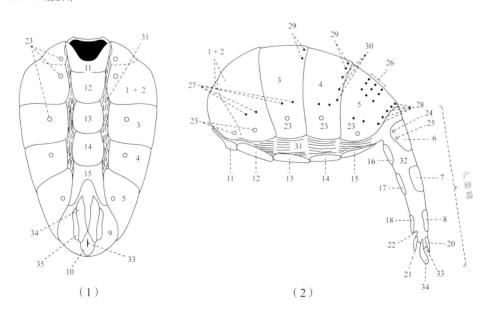

（1）　　　　　　　　　　（2）

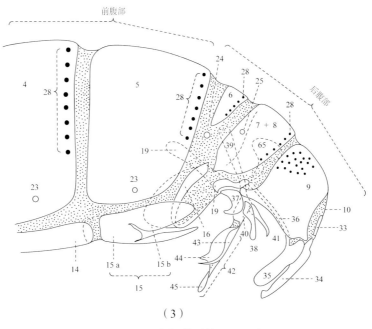

（3）

图5 腹部模式图（仿 范滋德，1992）

（1）雄性腹部腹面观，主要示前腹部，以麻蝇类为例；（2）雌性腹部侧面观，示前腹部和后腹部，后者已伸出，示构成能伸缩的管状的产卵器，以丽蝇类为例；（3）雄性后腹部侧面观，后腹部已拉出，示雄性尾器的各个组成部分，以丽蝇类为例。

1+2.第一、二合背板；3.第三背板；4.第四背板；5.第五背板；6.第六背板；7.第七背板；8.第八背板；7+8.第七、八合腹节；9.第九背板；10.雄性负肛节；11.第一腹板；12.第二腹板；13.第三腹板；14.第四腹板；15.第五腹板；15a.第五腹板基部；15b.第五腹板侧叶；16. 第六腹板；17.第七腹板；18.第八腹板；19.第九腹板；20.肛上板；21.肛下板；22.阴门；23.前腹部各节的气门；24.第六腹节气门；25.第七腹节气门；26.心鬃；27.侧鬃；28.缘鬃；29.中缘鬃；30.侧缘鬃；31.腹面膜；32.节间膜；33.肛门；34.肛尾叶；35.侧尾叶；36.系杆；37.前阳基侧突；38.后阳基侧突；39.阳基内骨；40.基阳体；41.阳基后突；42.阳茎；43.侧阳体；44.下阳体；45.端阳体；46.膜状部；47.膜状突；48.侧阳体基部；49.中臀；50.侧臀；51.腹突；52.须状突；53.耳状突；54.侧阳体端部；55.侧阳体端部侧突；56.侧阳体端部中央突；57.侧阳体端部中央部；58.侧阳体端部中央部侧枝；59.侧插器基片；60.外侧插器；61.内测插器；62.中插器

常见蝇类的腹部由11节组成，但最末几节不发达或者退化，形成负肛节，如不包括负肛节，雄性腹部为9节，雌性为8节。两性的第一至五腹节，合称前腹部，即外观明显的各节。前腹部由背板和腹板组成。背板按着生部位分为心鬃、侧鬃和缘鬃，第三背板后缘正中有无1对中缘鬃，以及其发达程度具有重要的鉴别意义。腹板外观为5节，第五腹板在两性中显著不同，雄性的第五腹板具有重要的分类意义。后腹部特化为尾器，两性的尾器在结构上有明显的差别，尤其是雄性的尾器具有非常重要的种类鉴别意义。

1.雄性尾器

雄性尾器由最后几节腹节和附肢组成，通常隐藏在第五背板的下面，需要完全拉出才能观察清楚，由阳基侧突和阳体组成。阳基侧突左右各1对，又分为前阳基侧突和后阳基侧突；阳体由阳基内骨、基阳体和阳茎3个主要部分组成。麻蝇的雄性尾器具有非常重要的分类意义。

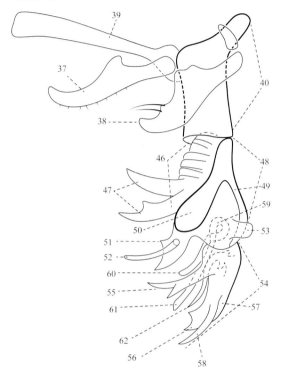

图6　麻蝇雄性外生殖器构造模式图（仿 范滋德，1992）

侧面观，综合各种形式的构造所绘成的想象图。图内标注数字的说明同图5。

2.雌性尾器

雌性后腹部基本上可以分为两种类型：一是形成发达的产卵器；二是不形成产卵器。产卵器由第六、七、八腹节和负肛节构成，每节之间的节间膜很长，伸展时呈长管状，收缩时呈套管状。雌性尾器在分类时应用较少，但受精囊的形状对种属的鉴别有一定的参考意义。

二、标本的制作和保存

1.标本的处理

捕获的蝇类可以用菊酯类气雾杀虫剂将其杀死，或者直接放入冰箱冻死，然后用

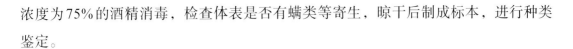

浓度为75%的酒精消毒，检查体表是否有螨类等寄生，晾干后制成标本，进行种类鉴定。

2. 标本的制作

选择合适型号的昆虫针，在虫体中胸背板右侧垂直插入，针插至上1/3处，然后整形，两翅朝上，六足伸展，尽量使成蝇身体各部位能完整清楚。标明采集地点、采集时间、种名、定名人及其他必要信息。

因为麻蝇科的雄性尾器具有非常重要的分类意义，故应将其尾器拉出并固定。新鲜标本直接用细镊子将尾器拉出固定即可，干燥标本需要将标本还软。还软的方法主要有以下几个：

(1)氢氧化钾法。

将蝇的尾部浸入10%氢氧化钾溶液中24~48小时，待标本柔软后，将尾器拉出并固定。

(2)水润法。

可用广口瓶、培养皿或者专业的还软器，底部铺一层湿棉花，棉花上铺一层滤纸，使之受潮，将干燥的标本放在滤纸上，瓶中加入少许石炭酸防真菌生长，密封。此法软化需1天以上或者更长时间。

(3)蒸汽法。

用热蒸汽熏标本的尾部，直至标本软化。

3. 标本的保存

针插标本应保存在标本盒中，标本盒内需放置精制樟脑块以防虫防霉，将标本盒再放入防潮防虫的标本柜中长期保存；大量的成蝇标本和幼虫标本可采用干藏法及浸泡法保存。

(1)干藏法。

在一个密封的木匣内先放置一些精制的樟脑块，铺一层棉花，将标本散置其上，然后放吸水纸，再加一层棉花，散放一层标本。可以多层大量存放标本，也可以用指形玻璃管保存。

(2)浸泡法。

幼虫及剪下的生殖器，浸泡在75%的酒精中保存。

第二章　麻蝇科分属检索表

1（0）后气门开放，无靥。雄第六背板发达，有缘鬃，第七、八两节之间的缝很清楚；侧阳体背侧突消失，侧阳体端部无明显突起。雌第七、八背板宽，第七对气门位于第七背板上，第八背板常特化为刺状的产卵器，第十背板退化（巨爪麻蝇族Macronychiini）·················· **巨爪麻蝇属 *Macronychia* Rondani, 1859**

— 后气门有靥。雄第七、八合腹节上的缝不明显或不完整；侧阳体的突起通常存在。雌第七、八背板狭或退化，第七对气门多移位至第六背板上，第十背板不同程度退化，有的种具刺状产卵器，那是由第七、八两个腹板特化而成 ·················· 2

2（1）后足基节后表面无毛，雄腹前方2～3个腹板常边缘外露；雌腹第七、八背板发达 ·················· 3

— 后足基节后表面具细小刚毛；雄第六背板缺如，第七、八合腹节无心鬃，侧尾叶变短；腹部常具棋盘状变色斑，如不明显则肛尾叶在基半部折曲。雌产卵器的第七至第十背板退化，有的缺如（麻蝇亚科Sarcophaginae）·················· 29

3（2）雄腹部第六背板缺如，第七、八合腹节有后缘鬃；$2R_5$室闭合，有长的柄状部；颜堤全长具鬃，芒裸；雄和雌的额几乎都一样宽，但雄间额很狭，也具上眶鬃和外顶鬃；腹部具界限分明的黑斑，仅金纹蝇属（*Chrysogramma* Rohdendorf, 1935）一属，分布在亚洲中部、土耳其·················· **金纹蝇亚科 Chrysogrammatinae**

— 雄腹部第六背板存在，其后缘多数有缘鬃；$2R_5$室开放，如闭合，则柄短 ·················· 4

4（3）雄腹部第六背板很大，和第七、八合腹节愈合，两者之间形成一定角度，并在愈合线前有一鬃列；雄尾器有端阳体或下阳体。一龄幼虫上颚狭，基骨游离（野蝇亚科Paramacronychiinae）·················· 5

— 雄腹部第六背板同第七、八合腹节分离；雄尾器总是具有端阳体（摩蜂麻蝇属*Amobia*种类有时变短）。雌产卵器筒状，第七、八背板概有时正中略分开，有宽的节间膜，第十背板常具有。一龄幼虫基骨缺如（蜂麻蝇亚科Miltogrammatinae）·················· 11

5（4）后背中鬃4～5个鬃位，前方的1～2个很细小；腹侧片鬃1：1（少数为2：1），腹部具定形黑斑（不因光线的变化而变化）；触角芒具毳毛或裸；雄上眶鬃缺如或不很发达……………………（二十五）污蝇属 *Wohlfahrtia* Brauer et Bergenstamm, 1889

— 后背中鬃3个鬃位，都很长大 …………………………………………………… 6

6（5）触角芒羽状，侧颜被短毛 …………………………………………………… 7

— 触角芒裸或具短毛（毛长不超过触角芒直径），2R₅室开放 …………………… 9

7（6）体表覆浓厚而均匀的亮灰色粉被；腹部第三、四背板后面观具3个明晰的黑斑，
爪及爪垫短于第五分跗节；两性额均显然宽于一复眼宽，为头宽的2/5，前倾上眶
鬃2；中胫腹鬃1，腹侧片鬃3∶1；下颚须黑 ····· 麻野蝇属 *Sarcophila* Rondani, 1856

— 体表粉被暗灰，但不很浓厚均匀；腹部第二至四各背板正中黑斑连接，或为一纵
条，两侧的黑斑较模糊，有时清晰，有时消失；爪及爪垫显然长于第五分跗节 ····8

8（7）下颚须一般橙黄色，具褐色基部，有时全为黄色或褐黄色；雄肛尾叶长，端部
3/5细，向前方弯曲，侧尾叶较短长 ……………………………………………
………………………（二十七）长肛野蝇属 *Angiometopa* Brauer et Bergenstamm, 1889

— 下颚须至少端部黑色；雄肛尾叶宽短，末端向后方弯曲，端部分裂部分小而宽，
侧尾叶宽大 …………………………… 野绳属 *Agria* Robineau-Desvoidy, 1830

9（6）侧颜密被硬毛；口器窝特长，侧面观约为额角一线头长的1.5倍；触角芒基部
2/5 ~ 1/2增粗，第二小节不延长；下阳体退化；腹部背板有黑色的后缘带
………………………………（二十六）短野蝇属 *Brachicoma* Rondani, 1856

— 侧颜裸（至少雄性如此）；口器窝不特别长，侧面观约与额角水平头长等长
……………………………………………………………………………… 10

10（9）前中鬃缺如；触角芒第二节正常；雄无前倾的上眶鬃；腹部腹面基部被黑毛，通
常2R₅室闭合于翅缘……………… 拟污蝇属 *Wohlfahrtiodes* Villeneuve, 1910

— 前中鬃2行；触角芒第二小节显然延长；雄前倾上眶鬃较细小，雌则长大；腹侧
片鬃1∶1；腹部腹面基部被淡色毛……… 沼野蝇属 *Goniophyto* Townsend, 1927

11（3）腹部卵圆形或长卵形，口下缘长，如略缩短，则额呈圆形，且侧颜裸………12

— 腹部延长，末端尖（至少雄性是如此），口下缘短小；侧颜具鬃或被毛，额显著
向前突出，呈角锥状（突额蜂麻蝇族Metopiini）……………………………… 19

12（11）触角着生位置在复眼中部水平或中部水平以下；额略向前突出；呈角形，有时
呈圆形；下倾上眶鬃1 ~ 5对，一般2对；基阳体具阳基后突，有时缺如（蜂麻蝇
族Miltogrammatini）…………………………………………………………… 13

— 口下缘中等长度；额不向前突出，窄，具多数下倾上眶鬃；触角着生于复眼中

部水平之下；基阳体无阳基后突（摩蜂麻蝇族Amobiini）⋯⋯⋯⋯⋯⋯⋯⋯⋯⋯
⋯⋯⋯⋯⋯⋯⋯⋯⋯⋯⋯⋯⋯⋯⋯**摩蜂麻蝇属*Amobia* Robineau-Desvoidy, 1830**

13（12）雄爪长；体鬃较长，腹部筒形（赛蜂麻蝇亚族Senotainiina）⋯⋯⋯⋯⋯⋯⋯⋯
⋯⋯⋯⋯⋯⋯⋯⋯⋯⋯⋯⋯⋯⋯**赛蜂麻蝇属*Senotainia* Macquart, 1846**

— 雄爪短；体鬃短，腹部长卵形（蜂麻蝇亚族Miltogrammatina）⋯⋯⋯⋯⋯⋯ 14

14（13）2R₅室具柄⋯⋯⋯⋯⋯⋯⋯⋯**柄蜂麻蝇属*Apodacra* Macquart, 1854**

— 2R₅室开放或紧靠翅缘闭合 ⋯⋯⋯⋯⋯⋯⋯⋯⋯⋯⋯⋯⋯⋯⋯⋯⋯⋯⋯⋯⋯⋯ 15

15（14）髭很小，不长于其他口缘鬃⋯⋯⋯⋯⋯⋯⋯⋯⋯⋯⋯⋯⋯⋯⋯⋯⋯⋯⋯⋯⋯ 16

— 髭显然长于其他口缘鬃，远远位于口前缘水平之上 ⋯⋯⋯⋯⋯⋯⋯⋯⋯⋯ 18

16（15）2R₅室紧靠翅缘闭合；前额正常，长度不超过其直径的4倍；两髭角互相靠近，
远远位于复眼下缘水平之上；m₁₊₂脉心角为直角或小于直角⋯⋯⋯⋯⋯⋯
⋯⋯⋯⋯⋯⋯⋯⋯⋯⋯⋯⋯**拟蜂麻蝇属*Miltogrammoides* Rohdendorf, 1930**

— 2R₅室开放 ⋯⋯⋯⋯⋯⋯⋯⋯⋯⋯⋯⋯⋯⋯⋯⋯⋯⋯⋯⋯⋯⋯⋯⋯⋯⋯⋯⋯ 17

17（16）髭角与复眼下缘处于同一水平；口窝孔较狭长，m-m横脉直；额宽大于眼宽，
间额前窄后宽，前端与后端的宽度比为1：2；触角长，第三节长为第二节的
3倍 ⋯⋯⋯⋯⋯⋯⋯⋯⋯⋯⋯**阿蜂麻蝇属*Aleximyia* Rohdendorf, 1930**

— 髭角显然位于复眼下缘的上方；口窝孔较宽短，m-m横脉略弯曲；额较窄，其
宽度狭于复眼宽，间额两侧缘几乎平行；触角较短 ⋯⋯⋯⋯⋯⋯⋯⋯⋯⋯⋯
⋯⋯⋯⋯⋯⋯⋯⋯⋯⋯⋯⋯⋯**蜂麻蝇属*Miltogramma* Meigen, 1803**

18（17）间额两侧缘平行，为额宽的2/5；外倾上眶鬃2对；前背中鬃2对 ⋯⋯⋯⋯⋯
⋯⋯⋯⋯⋯⋯⋯⋯⋯⋯⋯⋯**小翅蜂麻蝇属*Pterella* Robineau-Desvoidy, 1863**

— 间额前窄后宽；前背中鬃缺如；外倾上眶鬃较粗大；颜宽小于额宽，小盾片两
侧各具1黑色亮斑⋯⋯⋯⋯⋯**盾斑蜂麻蝇属*Protomiltogramma* Townsend, 1927**

19（11）额呈角锥形向前突出，触角第三节长为第二节的2～4倍；腹部延长，一般末
端锥形；2R₅室末端开放或闭合，很少具柄，侧颜宽，颊很窄（突额蜂麻蝇亚族
Metopiina）⋯⋯⋯⋯⋯⋯⋯⋯⋯⋯⋯⋯⋯⋯⋯⋯⋯⋯⋯⋯⋯⋯⋯⋯⋯⋯⋯ 20

— 额不呈角锥形，仅呈宽角形向前突出；腹部卵形，末端钝；触角第三节短，最
多为第二节长的2倍；2R₅室开放或具短柄；侧颜和颊均较宽（叶蜂麻蝇亚族
Phyllotelina）⋯⋯⋯⋯⋯⋯⋯⋯⋯⋯⋯⋯⋯⋯⋯⋯⋯⋯⋯⋯⋯⋯⋯⋯⋯⋯ 28

20（19）触角芒基半部长羽状；髭显著位于口缘上方；口上片显著缢缩，2R₅室开放，颜

堤裸···**麦蜂麻蝇属 *Metopodia* Brauer et Bergenstamm, 1889**

— 触角芒裸或被短毛（如为长羽状，则2R$_5$室闭合而具柄），髭仅位于口缘略上方或颜堤具鬃···21

21（20）2R$_5$室闭合或具柄···22

— 2R$_5$室开放···24

22（21）r$_1$脉基半具鬃，至少具3根小鬃·········**亚蜂麻蝇属 *Asiometopia* Rohdendorf, 1935**

— r$_1$脉裸···23

23（22）触角芒具短毛；m$_{3+4}$脉末段显著短于其前段，髭位于口缘略上方·····················
··**喜蜂麻蝇属 *Hilarella* Rondani, 1856**

— 触角芒全部裸；m$_{3+4}$脉末段大于或等于其前段，少数情况小于其前段，如为后种情况，则髭位于口缘·············**聚蜂麻蝇属 *Taxigramma* Perris, 1852**

24（21）颜堤具发达的颜堤鬃列，向上超过颜提中央··25

— 颜堤裸，如具鬃则触角芒裸且全部加粗；侧颜较窄，翅无色斑··················26

25（24）触角仅基半部加粗，被短毛；侧颜宽，裸或被鬃毛；雄翅有时褐色或有黄褐色花斑；体黑色，局部有时淡色···········**楔蜂麻蝇属 *Eumetopiella* Hendel, 1907**

— 触角芒增粗段几乎达于末端·············**折蜂麻蝇属 *Oebalia* Robineau-Desvoidy, 1863**

26（24）侧颜在复眼下缘以下部位显著变窄，具1行发达的侧颜鬃·····························
··**突额蜂麻蝇属 *Metopia* Meigen, 1803**

— 侧颜下方不显著变窄，裸或被短毛···27

27（26）触角芒仅基部2/5～1/2加粗。雄沿胸部和腹部背中线具宽阔的深黑色纵条，雌则仅沿腹部第三、四背板后缘具黑斑···
··**黑条蜂麻蝇属 *Mesomelaena* Rondani, 1859**

— 触角芒加粗部分超过基部1/2。雄胸部和腹部沿背中线无黑纵条，间额较宽，其宽度常大于侧额宽度，侧颜被黑色短毛；腹部第三至五背板常具山字形光亮黑斑·····················**法蜂麻蝇属 *Phrosinella* Robineau-Desvoidy, 1863**

28（19）两性髭均发达，侧颜内缘有1行黑色鬃。雄触角芒端部不呈叶状，翅尖附近无暗斑；颜堤裸或几乎裸；上眶鬃2+1，腹侧片鬃2：1：1·······························
··**合眶蜂麻蝇属 *Synorbitomyia* Townsend, 1932**

— 雄髭缺如，侧颜内缘无黑色鬃列，仅有淡色小刚毛；触角芒端部呈叶状，翅尖附近有暗斑·······································**叶蜂麻蝇属 *Phylloteles* Loew, 1844**

— 雄侧阳体基部和端部界限分明，雌产卵器基部不变宽 ························· 36

36（35）雄侧阳体基部很大，长约等于宽的3倍，端部侧叶很大，其末端抱合；腹插器大，指向腹方，末端变瘦，侧阳体端部短，腹部有很发达的正中条和淡色棋盘状斑 ·················· 锚折麻蝇属 *Servaisia* Robineau-Desvoidy, 1863（部分）

— 雄侧阳体基部长度不到宽的2.5倍，甚至呈方形；端部侧叶小，末端不抱合，而腹插器长大，末端不变瘦 ································· 37

37（36）触角长，末端超过眼下缘一线，第三节长为第二节的2~3倍，往端部变瘦；腹部背板有黑色正中条和亮黑色的后缘带 ····················· 蝗折麻蝇属 *Locustaevora* Rohdendorf, 1928（部分）

— 触角第三节长约为第二节的2倍；腹部背板粉被浓密且达于后缘，无亮黑色的后缘带 ·················· 折麻蝇属 *Blaesoxipha* Loew, 1861

38（31）头部侧面观呈方形，口缘显著突出，触角芒裸或仅具短毛，侧阳体除侧插器外，有长的中内突(medial lobe)。分布在新北区和新热带区 ····················· 美高麻蝇族 **Microcerellini**

— 头高大于头长，或者触角芒具长毛，而且无中内突 ·············· 39

39（38）侧阳体端部和基部之间无大形的膜质部分，有时膜状突缺如，膜基腹骨(ventral sclerotization)很发达，下阳体缺如，侧插器细长。雌腹第七背板不发达或裸，腹部不具金属光泽。世界性分布（麻蝇族Sarcophagini）·················· 40

— 侧阳体端部和基部之间有大型的膜质部分，膜基腹骨弱，膜状突发达，骨化，常有刺，下阳体长形呈管状，少数缺如。雌第七背板很发达，具毛。雄腹有青或绿色金属光泽。美洲种，新北区和新热带区均有分布刺 ····················· 刺膜麻蝇族 **Johnsoniini**

40（39）腹侧片鬃1:1（少数个体在其间尚有1~2个小鬃）；头部全覆银白色或银灰色粉被，体表粉被银白或土灰色，较浓厚，斑纹不显或具4条暗色纵条；颜堤的小毛少，触角芒呈毳毛状；雌和雄额宽均大于头宽的1/3，雄无小盾端鬃，具外顶鬃 ···················· （一）白麻蝇属 *Leucomyia* Brauer et Bergenstamm, 1891

— 腹侧片鬃1:1:1（少数个体在其间也有1~2个较细的鬃）；体表粉被薄，中胸盾片3黑色纵条和腹部的棋盘状斑纹通常明显，触角芒一般为长羽状 ·········· 41

41（40）雄和雌中足股节前表面有卵形的由密的淡色毛形成的黄色或金色斑；后背中鬃通常为3根，很少为4根；肛尾叶后表面在端部有大型的短刺 ·················· （二）斑麻蝇属 *Sarcotachinella* Townsend, 1892

如为后者，则第九背板呈红色；一般第七、八合腹节缘鬃很长大；国内已知雌第六背板骨化部为完整型，如中断则第六背板带红色；侧颜鬃一般较长，其中最长的鬃的长度可超过侧颜的宽度 ……………………………………………………

……………………（五）欧麻蝇属 *Heteronychia* Brauer et Bergenstamm, 1889

49（47）雄侧阳体端部和基部的界限明显，侧阳体端部侧突很长，末端稍扩大；膜状突不呈花朵形状 …………………………………………………………………………

……………（二十一）亚麻蝇属 *Parasarcophaga* Johnston et Tiegs, 1921（部分）

— 雄侧阳体端部和基部之间无明显的界限，一般侧阳体端部无侧突，如存在，则膜状突呈花朵形状 ………………………………………………… 50

50（49）雄阳茎大型，阳茎膜状突特别发达；额较窄，侧颜稍宽，一般侧颜鬃的长度短于侧颜宽 ……………（十四）细麻蝇属 *Pierretia* Robineau-Desvoidy, 1863（部分）

— 雄阳茎中等大或较小，阳茎膜状突不特别发达 ……………………… 51

51（50）雄额多数较窄，约为头宽的1/5或更窄，侧颜窄，侧颜鬃通常比侧颜宽为长或等长 ……………（十四）细麻蝇属 *Pierretia* Robineau-Desvoidy, 1863（部分）

— 雄额多数较宽，约为头宽的1/4，侧颜较宽，侧颜鬃通常比侧颜宽为短

……………（十四）细麻蝇属 *Pierretia* Robineau-Desvoidy, 1863（部分）

52（43）后背中鬃4（4个鬃位，都很发达）……………………………… 53

— 后背中鬃5～6（5～6个鬃位），愈靠前方的鬃则愈矮小，相互间的距离也愈近；腹部第三背板无中缘鬃 ………………………………………… 70

53（52）前胸侧板中央凹陷处有纤毛 …………………………………… 54

— 前胸侧板中央凹陷处无纤毛 ……………………………………… 58

54（53）触角很长，多数种第三节长为第二节的3～4倍 ……………… 55

— 触角较短，第三节长度不到第二节的3倍 ……………………… 57

55（54）雄第四腹板的后端有致密的短刚毛，形成毡毯状的刚毛斑；小盾除端鬃外尚有4对缘鬃（包括前基鬃1对，基鬃1对，侧鬃2对）；肛尾叶基部很宽，端部显然变细，侧尾叶一般向腹方延长；阳茎的基阳体长，膜状突发达具向前腹方展开的成对的侧片；侧阳体长，侧阳体端部向下延伸和基部明晰分开；已知雌性第六背板有正中缝 ……………（六）鬃麻蝇属 *Sarcorohdendorfia* Baranov, 1938

— 雄第四腹板的后端无刚毛斑；小盾除端鬃外通常只有2对缘鬃（即基鬃1对和侧鬃1对）………………………………………………………… 56

56（55）雄第五腹板常形，在正中后方无突立的突起；阳茎膜状突方盘状，不成对；侧
阳体端部长，侧突短，骨化强，中央突大，有1对侧叶；侧插器有内、外两支，
中插器存在；触角第三节长约为第二节的3倍 ⋯⋯⋯⋯⋯⋯⋯⋯⋯⋯⋯⋯⋯⋯
⋯⋯⋯⋯⋯⋯⋯⋯⋯⋯⋯⋯⋯（七）缅麻蝇属*Burmanomyia* Fan, 1964
— 雄第五腹板在后方正中有1突立的突起⋯⋯⋯⋯⋯⋯⋯⋯⋯⋯⋯⋯⋯⋯⋯⋯⋯
⋯⋯⋯⋯⋯⋯⋯⋯⋯⋯⋯（八）球麻蝇属*Phallosphaera* Rohdendorf, 1938

57（54）前缘脉第三段显然比第五段长，前缘刺不发达；无前中鬃；前胸侧板中央凹陷
处的纤毛较密；腹部第三背板中缘鬃不发达；雄性后足胫节腹面有略密的长缨
毛；雄性肛尾叶宽短而直；侧阳体端部完整，扁平而向前弯曲，因而阳茎末端
圆；前阳基侧突强烈弯曲；雌第六背板完整 ⋯⋯⋯⋯⋯⋯⋯⋯⋯⋯⋯⋯⋯⋯⋯
⋯⋯⋯⋯⋯⋯⋯⋯⋯⋯⋯（九）克麻蝇属*Kramerea* Rohdendorf , 1937
— 前缘脉第三段的长度与第五段相仿或稍短，前缘刺发达；前中鬃发达；前胸侧
板中央凹陷处的纤毛稀少；第三背板常有1对中缘鬃；雄后足胫节腹面仅有稀
疏的长毛；阳茎膜状突发达，侧阳体端部往往比基部长，向前方弯曲，中央突
长而末端尖，且在其两侧常有1对小型逆刺⋯⋯⋯⋯⋯⋯⋯⋯⋯⋯⋯⋯⋯⋯⋯
⋯⋯⋯⋯⋯⋯⋯⋯⋯（十）刺麻蝇属*Sinonipponia* Rohdendorf, 1959

58（53）触角第三节长为第二节的3倍以上 ⋯⋯⋯⋯⋯⋯⋯⋯⋯⋯⋯⋯⋯⋯⋯⋯59
— 触角第三节长不到第二节的2.5倍 ⋯⋯⋯⋯⋯⋯⋯⋯⋯⋯⋯⋯⋯⋯⋯⋯65

59（58）腹部第三背板有中缘鬃；第五腹板侧叶内缘近基部有1对粗短的爪状刺 ⋯⋯
狷麻蝇属 *Takanoa* Rohdendorf, 1965
— 腹部第三背板无中缘鬃，第五腹板侧叶内缘无爪状刺 ⋯⋯⋯⋯⋯⋯⋯60

60（59）前缘脉第三段与第五段等长；颊毛全黑；雄阳茎膜状突主要为膜质，侧阳体端
部短，侧插器细长如丝 冯麻蝇属*Fengia* Rohdendorf, 1964
— 前缘脉第三段显然比第五段长（约为1.5倍或不及1.5倍）⋯⋯⋯⋯⋯61

61（60）颊毛全黑；前中鬃很弱；雄肛尾叶侧面观较直，末端不扭转，爪较钝；侧阳体
端部退化，而插器发达，以致插器不能被侧阳体端部覆盖 ⋯⋯⋯⋯⋯⋯⋯⋯
⋯⋯⋯⋯⋯⋯⋯⋯⋯⋯⋯姜麻蝇属*Johnstonimyia* Lopes, 1959
— 颊的后部具淡色毛 ⋯⋯⋯⋯⋯⋯⋯⋯⋯⋯⋯⋯⋯⋯⋯⋯⋯⋯⋯⋯62

62（61）前中鬃常为2行，各鬃发达程度相仿，如发达程度不同，则较发达的1对位于
近头处；雄第五腹板正中后方有1高的结节状突起，阳茎巨大，整个如一团块，

膜状突2对，侧阳体端部横宽而短。侧突或特大，向前方卷曲形成圆锥状，锥顶指向两侧；或稍大。中央突中等大，略向前方弯曲；肛尾叶常在后方近端部有1簇毛 ································ （八）**球麻蝇属 *Phallosphaera* Rohdendorf, 1938**

— 前中鬃较发达，各鬃发达程度不同，紧靠盾沟处1对显然长大 ················ 63

63（62）雄肛尾叶侧面观，端部弯向前方，末端扭转，形成1尖爪；阳茎特别巨大，膜状突1对，由此分出3对尖突，发达而骨化；侧阳体端部长大而向前方弯曲，无侧突，中央突却特别大，有1对叶状的侧枝；侧插器有内外两支，中插器存在 ······················ （七）**缅麻蝇属 *Burmanomyia* Fan, 1964**（部分）

— 雄肛尾叶侧面观，中部折向前方，在折角处的后方有1簇毛，其余亦不如上述 ·· 64

64（63）雄肛尾叶末端有1尖爪；腹部第四、五背板粉被不特别浓厚，而第一至第四腹板密生长毛；第五腹板两侧叶距离不特别宽；前阳基侧突单纯 ···············
············ **鹤麻蝇属 *Horia* Kano, Field et Shinonaga, 1967**

— 雄肛尾叶末端无明显的尖爪；腹部第四、五背板有较浓厚的金黄色粉被，第五腹板两侧叶距离宽；前阳基侧突前枝长，而末端多分支，宛如鹿角 ···············
··························· （十一）**堀麻蝇属 *Horiisca* Rohdendorf, 1965**

65（58）前缘脉第三段约与第五段等长，或前者较短；4个后背中鬃的前方2个显然比后方2个短；雄性侧颜不很宽，往往不超过一侧额的2倍宽；后足胫节无缨毛 ···
·· 66

— 前缘脉第三段显然比第五段长（为1.5～2倍）；4个后背中鬃的长度大体相仿，距离匀称 ··· 69

66（65）r₁脉有毛，前缘脉刺明显；腹部第三背板中缘鬃存在或很弱；侧阳体基部腹突很发达，端部侧突不发达 ········ （十二）**所麻蝇属 *Sarcosolomonia* Baranov, 1938**

— r₁脉无毛 ··· 67

67（66）腹部第三背板无中缘鬃，如有1对不很发达的倒伏的中缘鬃，则前中鬃至多仅有近盾沟处的1对；4个后背中鬃的前两个显然比后两个短小，且距离很近 ···············
············ （十四）**细麻蝇属 *Pierretia* Robineau-Desvoidy, 1863**（部分）

— 腹部第三背板中缘鬃发达；4个后背中鬃的鬃之间距离较匀称；前中鬃为长大的2行（3对以上） ··· 68

68（67）翅前缘刺发达 ················· （十）**刺麻蝇属 *Sinonipponia* Rohdendorf, 1959**（部分）

— 翅前缘刺不发达，其长度几乎仅等于前缘脉的横径。雄阳茎长，膜状突1对，不大，单纯；侧阳体端部长于基部，基部腹突不发达，端部侧突发达，并向末端扩展形成两齿；中央突长并向前上方卷曲；插器细长。雌第六背板完整
....（十三）何麻蝇属*Hoa* Rohdendorf, 1937

69（65）腹部第三背板有中缘鬃。雄侧颜很宽，约为一侧额宽的3倍；第七、八合腹节有缘鬃，侧插器粗大而直，成对的膜状突向端部转位而着生于侧阳体基部侧臂的端侧，基部腹突细小；侧阳体端部很柔软，膜状。雌第六背板中断型.......
............................（十五）**麻蝇属*Sarcophaga* (Meigen , 1826) Rohdendorf, 1937**

— 腹部第三背板无中缘鬃。雄侧颜宽约为一侧额的2倍；第七、八合腹节无缘鬃，侧插器不粗大 ....
..................（二十一）**亚麻蝇属*Parasarcophaga* Johnston et Tiegs, 1921**（部分）

70（52）前胸侧板中央凹陷有纤毛，虽然有时仅1或2根............................71
— 前胸侧板中央凹陷处无纤毛 74

71（70）雄后足胫节无长缨毛；阳茎膜状突1对，膜质，表面被有小棘；侧阳体基部腹突薄而弯向前方，侧阳体端部略透明，侧突宽而具两个尖端，中央突较短小。雌第六背板分离或完整型............（十六）**别麻蝇属*Boettcherisca* Rohdendorf, 1937**
— 雄后足胫节有长缨毛 72

72（71）雄第五腹板基部显然呈圆穹隆状拱起，窗面与体纵轴垂直；阳茎膜状突2对，骨化，表面无小棘 ....
..................（二十一）**亚麻蝇属*Parasarcophaga* Johnston et Tiegs, 1921**（部分）

— 雄第五腹板基部常形，不特别拱起 73

73（72）r$_1$脉有毛。雄中足股节腹面无缨毛；第五腹板无小窗；阳茎膜状突完全骨化，呈带状，上具小齿；侧阳体腹突为1对小尖齿
....**海麻蝇属*Alisarcophaga* Fan et Chen, 1981**

— r$_1$脉无毛。雄中足股节腹面有缨毛；第五腹板有小窗；阳茎膜状突不发达；侧阳体基部腹突发达，下半部骨化强，下缘呈锯齿状 ....
..................（二十二）琦麻蝇属*Hosarcophaga* Shinonaga et Tumrasvin, 1979

74（70）无中鬃。雄基阳体极短，而侧阳体基部长度超过前者数倍；膜状突成对，狭长而骨化，指向前方；侧阳体端部短小，着生在侧阳体基部的末端的前方。雌第六背板骨化部中断型............（十七）**粪麻蝇属*Bercaea* Robineau-Desvoidy, 1863**

　　— 有中鬃，至少小盾前1对中鬃存在 ···75

75（74）雄肛尾叶后缘中部明显凹入，端半段侧面有成行的刺状鬃 ·····················
　　　　···················· **伊麻蝇属*Iranihindia* Rohdendorf, 1961**

　　— 雄肛尾叶后缘中部不凹入，端半段侧面也没有成行的刺状鬃 ·····················76

76（75）雄第四腹板有致密的刚毛丛，第五腹板侧叶的内缘后方有1密生短刺的突出部
　　　　分；肛尾叶后侧近端部有孤立的毛簇或疏生突立的长毛·····················77

　　— 雄第四腹板无致密的刚毛丛，第五腹板侧叶的内缘后方无密生短刺的突出部
　　　　分；肛尾叶后侧近端部无孤立的毛簇或突立的长毛·····················78

77（76）雄阳茎显然巨大，构造常不对称；膜状突1对，针突状；侧阳体端部结构复杂，
　　　　与基部之间无截然的界限，主体膜状，侧突常分叉；除小型个体外，一般中足
　　　　胫节具典型的长缨毛。雌第六背板骨化部完整；第七背板为一亮黑色的横宽的
　　　　骨片·····················（十八）**辛麻蝇属*Seniorwhitea* Rohdendorf , 1937**

　　— 雄阳茎不明显巨大；膜状突1对，钩状；侧阳体端部结构简单，与基部之间有
　　　　清楚的界限，无中央部，仅有1对很细长的突出物；中足胫节无长缨毛，至多
　　　　在腹面有末端不卷曲的毛长。雌第六背板骨化部在背方分离为2片·····················
　　　　···················· （十九）**钩麻蝇属*Harpagophalla* Rohdendorf, 1937**

78（76）上腋瓣短，几乎仅及下腋瓣长度的1/3。雄第四腹板具直指后方的约与腹板等
　　　　长的缘鬃列，第七、八合腹节短，侧面观方形；阳茎卷曲如拳状，膜状突为1
　　　　对甲片状的小骨片；侧阳体基部腹突为三角形的片状突出部，侧阳体端部中央
　　　　突不突出，而侧突很发达，略宽而末端为一钝头的短杆状物，略向内方合抱；
　　　　侧插器短小，为侧阳体基部所遮盖，侧面观，几乎看不见·····················
　　　　···················· （二十）**曲麻蝇属*Phallocheira* Rohdendorf, 1937**

　　— 上腋瓣不特别短，约为下腋瓣长度的2/5或1/2。雄第四腹板缘鬃列不发达或则
　　　　缘鬃列略斜向侧后方，而不是直指后方，鬃的长度也较腹板为短。其余特征
　　　　也不如上述·····················79

79（78）触角很长，末端几达口缘处，触角第三节长约为第二节的4.5倍；肛尾叶后面观，
　　　　在亚基部两侧向外方显著扩展呈翼状·····················
　　　　···················· **翼麻蝇属*Pterosarcophaga* Ye, 1981**

　　— 触角不特别长，第三节长为第二节的1.75～3倍；肛尾叶后面观，在亚基部两
　　　　侧不呈翼状扩展 ·····················80

80（79）雄阳茎侧阳体端部无中央突，侧突显著发达，骨化强，末端常呈两分叉（上下分叉或侧面分叉）；有些种雄性第五腹板在侧叶基部内侧鬃群的里侧有1对小的指形突。已知雌尾器第六背板分离，但在背方相互接近，骨片呈略带三角形的半圆形，几乎完全外露……………………**叉麻蝇属** *Robineauella* **Enderlein, 1928**

— 雄阳茎侧阳体端部有中央突（如无中央突，则阳茎膜状突不成对，呈花朵状；或中央突不发达，膜状突为1对疣状物）……………………………………81

81（80）侧阳体端部侧突发达或不发达；末端分叉或不分叉；膜状突一般发达，1~2对；第五腹板常形 ………（二十一）**亚麻蝇属** *Parasarcophaga* **Johnston et Tiegs, 1921**

— 雄后胫无缨毛；侧阳体端部无侧突，膜状突很发达，外露部分骨化较弱；第五腹板侧叶宽，内缘鬃列甚密 ……………………………………………………
………………………………… **加麻蝇属** *Kanomyia* **Shinonaga et Tumrasvin, 1979**

第三章　麻蝇科种类描述

一、白麻蝇属 *Leucomyia* Brauer et Bergenstamm, 1891

体表斑纹不明显；头部包括间额全覆银白粉被；雄雌眼间距均大于头宽的1/3，触角芒具毳毛。中鬃弱，为（0-1）+1，后背中鬃5，腹侧片鬃1:1，有的种类有1或2个小鬃；雌雄均无小盾端鬃。雄第五腹板两侧叶在基部远离，侧叶很长，至少为基部的2倍；基阳体与侧阳体等长，后者基部与端部愈合，其基部短而横宽，腹突强大而不对称，分叉或不分叉，侧阳体端部较长；膜状突单一，呈小瘤状，侧插器很长，呈丝状。

1. 灰斑白麻蝇 *Leucomyia cinerea* (Fabricius, 1794) (附图1)

外部形态特征

体长8.0~11.0mm。雄额宽约为眼宽的1.3倍，下眶鬃6~7，最下方一个弯向外侧；侧颜宽约为眼长的一半。触角第二节橙色，第三节灰色，长为前者的2倍。下颚须红色，前颏长为其本身高的2倍。颊高约为眼高的3/5，眼后鬃1行，颊及后头密生白毛。前胸侧板中央凹陷处裸，前气门灰棕，腋瓣白色，前盾片有不显的暗灰色3纵条，后盾片仅1正中条。第三、四背板有"八"字形灰侧斑及正中条。

雄性尾器特征

肛尾叶棕色，侧面观中部弯曲；末端急剧收窄变尖；侧尾叶细长。前阳基侧突宽大，末端有一个三角形的突起；后阳基侧突细长，腹面具短的细毛。侧阳体基部大，腹突骨化强，不对称，左侧一个三分叉，右侧一个二分叉；侧阳体端部长，末端收窄变小，顶端膜状扩大。

分布

国内：辽宁、河北、海南

国外：日本、印度（模式产地：东部）、斯里兰卡、泰国

二、斑麻蝇属 *Sarcotachinella* Townsend, 1892

触角中等长，第三节为第二节的1.5倍长。雄性额宽为眼宽的1/2~3/4，雌性额宽等于眼宽的4/5。颜在触角基部水平比额为宽，眼前缘颜明显地向两侧背离，髭正位于

口前缘。侧颜狭，比额稍狭，为眼长的1/3～1/2，侧颜鬃中等长，不超过或仅稍长于侧颜宽。颊高等于眼高的1/5～1/4。口前缘明显向前突出。通常在沟后有相互等距排列的3对后背中鬃，很少具有不规则的4对。中鬃0+1，2R$_5$翅室开放。足的栉缺如。中股在前方端半的表面有密的紧贴的淡色纤毛。雄性第七、八腹节侧面观方形，膨隆，第九背板短于其本身的高。肛尾叶直，边缘平行，向末端斜切并在倾斜部有长刺。侧尾叶很小，延长。基阳体比阳茎短。侧阳体端部界限分明、短而瘦，明显向前弯曲，无突起；侧插器紧贴侧阳体端部，弯向前方。膜状突很大，骨化强。体色暗，腹具明显棋盘状斑，尾节亮黑色。

2. 股斑麻蝇 *Sarcotachinella sinuata* (Meigen, 1826) (附图2)

外部形态特征

体长10.0～12.0mm。额宽约为眼宽的1/2，雄外顶鬃发达。触角第三节约为第二节的1.5倍长，触角芒具短毛。下颚须黑色。前胸侧板中央凹陷裸。r$_1$翅脉裸，2R$_5$室开放。足的栉缺如，中股前面端部的2/5长度内和中胸后背片的中部各有1片由白色纤毛形成的椭圆形斑，后胫后腹面具缨毛。背中鬃3+3，有时前背中鬃不对称，中鬃0+1。第三背板中缘鬃发达。腹部背面具明显棋盘状斑，尾节亮黑色。

雄性尾器特征

肛尾叶后缘直线向下，至端部急剧屈曲；侧尾叶的端部也很快收细，末端为一稍直的爪，在端部近后缘有少数刺状鬃。前阳基侧突端部扩大而末端圆。阳茎膜状突长大，由1个不成对的长形骨化片和1对短杖状的向侧方开展的骨片组成；侧阳体端部略长，但构造简单。

分布

国内：黑龙江、辽宁、陕西、青海、内蒙古

国外：俄罗斯(外高加索、西伯利亚、远东)、欧洲(模式产地：德国)、北美洲

三、疣麻蝇属 *Tuberomembrana* Fan, 1981

雄性外顶鬃不发达，颊高约为眼高的2/5；中鬃缺如或偶有1对小盾前位的毛状鬃；后背中鬃3；前胸侧板中央凹陷裸或部分个体具1黑毛；第五腹板近于亚麻蝇型，但侧叶长而具不很强大的鬃，内外缘的鬃往往仅单行，在侧叶内缘最前方，也就是窗的后方有1对上生后倾小刚毛的特征性小突起。肛尾叶后缘有角形突起；基阳体略短于阳茎，侧阳体基部骨化强，占阳茎全长，腹突为一内翻的小骨片；侧阳体端部狭小，嵌

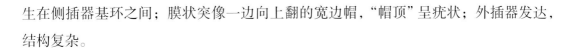

生在侧插器基环之间；膜状突像一边向上翻的宽边帽，"帽顶"呈疣状；外插器发达，结构复杂。

3. 西藏疣麻蝇 *Tuberomembrana xizangensis* Fan, 1981 (附图 3)

外部形态特征

体长 13.0~17.0mm。额宽约为一眼宽的 4/9，间额黑，约为一侧额的 2 倍宽。侧颜宽为触角第三节的 1.7 倍。触角第三节长为第二节的 2 倍。眼后鬃 3 行，颊后头沟之前无白毛。喙短，下颚须黑。r_1 脉裸。腋瓣白。中股具缨毛而无明显的栉，中胫腹面端部一半具毛，后股腹面具缨毛和稀疏的前腹鬃列，后胫腹面具长缨毛。第三背板无中缘鬃；第五背板侧后缘在靠近第五腹板处有长而密的鬃状毛。第七、八合腹节长约为高的 2 倍，无缘鬃而仅具细毛。尾节黑，粉被灰。

雄性尾器特征

肛尾叶后缘有角形突起；侧尾叶为端部收细的三角形骨板。前阳基侧突腹部膜状，末端圆钝；后阳基侧突末端圆钝。基阳体略短于阳茎，侧阳体基部骨化强，占阳茎全长，腹突为一内翻的小骨片。侧阳体端部狭小，嵌生在侧插器基环之间。膜状突像一侧缘向上翻的宽边帽，"帽顶"呈疣状。内、外侧插器都发达，结构复杂。

分布

国内：西藏（模式产地：林芝）

国外：未知

四、黑麻蝇属 *Helicophagella* Enderlein, 1928

额宽为眼宽的 2/5~4/5，雌性额宽约为头宽的 1/3。眼内缘明显地向两侧方背离。侧颜相当宽，在触角基部水平为眼长的 1/4~2/3；侧颜向下稍微收缩。颊高为眼高的 2/5~1/2。口前缘明显向前突出。触角中等长，第三节长为第二节的 1.5~2 倍。头后表面很强地突出。中鬃通常仅小盾前一对；较少有很发达的前中鬃；后背中鬃 3，等距排列。r_1 脉几乎是裸的。$2R_5$ 室开放。雄性股节近端部栉不显而细，常呈鬃状。雄性肛尾叶边缘总是平行的，直而均匀地延长并向末端变尖，其端部稍向两侧方背离。雄性第七、八合腹节总是很大形，长是第九背板的 1.2~2 倍，少数略呈方形。

4. 黑尾黑麻蝇 *Helicophagella melanura* (Meigen, 1826) (附图4)

外部形态特征

体长6.0～12.0毫米。触角第三节长为第二节的1.5～2倍，触角芒羽状。颊高超过眼高的2/5。中胸盾片三黑色纵条和腹部棋盘状斑明显。后中鬃仅在小盾前具1对，前中鬃第2对的长度不达盾沟，后背中鬃3对，均发达，并等距排列。后足胫节长缨毛较稀。第七、八合腹节背板和第九背板呈亮黑色，并且第七、八合腹节具粗大的缘鬃；第五腹板侧叶基部内缘腹面上的刺斑较大，近似椭圆形。

雄性尾器特征

肛尾叶侧面观略直，基部具长纤毛，端部裸，稍微向前弯曲，肛尾叶后面观在中部开始向末端裂开；侧尾叶短小，具长纤毛。前阳基侧突瘦长，较后阳基侧突为短。膜状突前缘波曲很甚，末端形成小爪尖。侧阳体端部向前弯曲与膜状突平行，形成一个矩形缺口。

分布

国内：全国分布

国外：朝鲜、日本、蒙古、俄罗斯、阿富汗、克什米尔、印度、马来西亚、伊朗、伊拉克、土耳其、巴勒斯坦、叙利亚、埃及、摩洛哥、阿尔及利亚、西班牙（加那利群岛）、突尼斯、毛里塔尼亚、欧洲、北美洲

五、欧麻蝇属 *Heteronychia* Brauer et Bergenstamm, 1889

触角短，第三节长为第二节的1.25～1.5倍，芒具长而细的纤毛，额狭，为眼宽的1/5～1/2。眼内缘明显向两侧背离。侧颜狭，侧颜鬃通常1行，较少为不明确的2或3行。颊颜底，为眼高的1/5～1/3。口前缘明显向前突出，髭位于口前缘。喙中等长，前颏长为其本身高的5～6倍。前胸基腹片裸。中鬃（3-0)+1。$2R_5$室开放，很少具柄。足部栉不发达，沿后缘一般有大型的鬃。雄第五腹板通常无窗，腹部第七、八合腹节几乎总是长大于高，第九背板总是有明显的后腹角，一般呈红色，有时为黑色。基阳体长，通常其长径明显地比其本身横径更大；侧阳体端部总是界限分明，形状多变，一般具突起或齿；侧阳体基部腹突一般很发达，膜状突通常缺如；侧插器细长，较少有短的；前阳基侧突细长而弯曲，在后侧常有相当发达的刚毛列，后阳基侧突末端钩状。

5. 郭氏欧麻蝇 *Heteronychia* (s.str.) *quoi* Fan, 1964 (附图5)

外部形态特征

体长 6.0 ~ 11.0mm。额宽约为眼宽的 1/2。侧颜狭，侧颜鬃1行，细长。触角黑色，第三节长约为第二节的 1.25 倍，触角第三节具棕色粉被；触角芒为长而细的纤毛。颊高不超过眼高的1/3。下颚须黑色。前胸侧板中央凹陷裸，中胸盾片三黑色纵条和腹部棋盘状斑明显。后中鬃在小盾前1对，后背中鬃3对，均发达，腹侧片鬃1:1:1。r_1脉上具小刚毛，$2R_5$室开放。腹部第三背板具中缘鬃；第七、八合腹节后缘鬃长大；第五腹板无窗。

雄性尾器特征

肛尾叶侧面观中间曲折向前，后面观在曲折处裂开；侧尾叶约为等边三角形。前阳基侧突末端尖而钩曲，背面有几根细毛；后阳基侧突与前阳基侧突相似但较前阳基侧突短，腹面有2根细长毛。膜状突不发达，侧阳体基部腹突侧叶发达，呈圆形，侧突尖细向前；侧阳体端部侧突呈卵圆形的匙状。

分布

国内：黑龙江、辽宁、北京、上海、广西、广东、河北、江苏、福建、山东、湖北、重庆

国外：未知

6. 细纽欧麻蝇 *Heteronychia* (s.str.) *shnitnikovi* Rohdendorf, 1937 (附图6)

外部形态特征

体长 7.0 ~ 11.0mm。额宽约为眼宽的 1/2。触角短，第三节长约为第二节的2倍。侧颜鬃1行，下段的毛较强大。下颚须黑色。前胸侧板中央凹陷裸。背中鬃3+3，中鬃0+0。r_1脉裸，$2R_5$室开放。后胫不具缨毛。第三背板中缘鬃缺如，雄第九背板棕红。

雄性尾器特征

肛尾叶后缘近端呈钝角弯曲，末端为一短爪；侧尾叶为一个三角形的骨板。前阳基侧突末端呈匙状，背面有一行鬃毛；后阳基侧突末端有钩状爪，近端部腹面有2根细长毛。侧阳体基部明显比端部长，基部腹突长而尖细，并向前弯曲，约与侧阳体端部等长；侧阳体端部呈弧形并向前弯曲，侧突不显，呈齿状。

分布

国内：新疆、黑龙江

国外：乌兹别克斯坦、吉尔吉斯斯坦、哈萨克斯坦（模式产地：阿拉木图）

六、鬃麻蝇属 *Sarcorohdendorfia* Baranov, 1938

触角第三节长为第二节的3~4倍。雄额狭，近于头宽的1/5；眼内缘匀称地向两侧背离；髭正好位于口前缘；侧颜狭，在触角基部水平为眼长的1/3，有1行垂直很细的短鬃，其中最长的显然短于侧颜宽；颊颜高，约为眼高的2/5，很强地向后扩展；口缘相当突出；触角呈长羽状，裸端较短；喙相当短，前颏长约为其本身高的3倍，前胸侧板中央凹陷处具有黑色纤毛，前中鬃存在，其中1对略大，后中鬃常为小盾前的1对；后背中鬃4对，排列规则。r₁脉裸，r₄₊₅脉基段小刚毛列达于中央；2R₅室相当开放。股节栉发达，组成的鬃细。雄肛尾叶后面观开裂段达到中部，其端部呈膝状弯曲，外侧常有短刺；侧尾叶狭长；雄性第七、八腹节长略大于高，后缘无鬃；第四腹板在后缘中央有由短密黑刚毛形成的大形黑色刚毛斑。基阳体长而横径短，比阳茎稍长；侧阳体长，端部界限分明；后者无侧突，有时有中央部侧枝；膜状突成对并常分为两部，近心部扩展为侧片，形状特殊，远心部竖直如小枝。前阳基侧突大形，常有两个突起，后阳基侧突在端部有一鬃。第五腹板无刺，密生刚毛；第九背板大多种类呈黑色。体躯一般大形。

7. 金翅鬃麻蝇 *Sarcorohdendorfia seniorwhitei* (Ho, 1938)（附图7）

外部形态特征

体大型；体长13.0~16.0mm。额狭，近于头宽的1/5。侧颜狭，有1行垂直的很细的短鬃，其中最长的显然短于侧颜宽；颊颜高，为眼高的2/5。喙相当短，前颏长约为其本身高的3倍。前胸侧板中央凹陷处具黑色纤毛。前中鬃存在，其中1对略大，后中鬃为小盾前的1对，后背中鬃4对，排列规则。股节栉颇发达，组成的鬃颇细。翅基金黄，其余部分富黄色，脉橙色，腋瓣及其缘缨黄色。第四腹板在后缘中央有由短密黑刚毛形成的火形黑色刚毛斑；第五腹板无刺，密生刚毛。

雄性尾器特征

肛尾叶后面观开裂段几乎达于中部，其端部呈膝状弯曲，外侧常具鬃状短毛，基部不收缩，末端虽尖，通常无明显的爪；侧尾叶狭长。前阳基侧突大，常有2个突起；后阳基侧突在端部有1鬃。阳茎膜状突呈叶状，基部有一对向下伸的骨化钩。侧阳体端部侧突短小，骨化强；侧阳体端部中央突侧枝细长，爪状。

分布

国内：云南（西双版纳）、广东

国外：马来西亚（模式产地：马六甲）、印度尼西亚（爪哇）

8. 拟羚足鬃麻蝇 *Sarcorohdendorfia inextricata* (Walker, 1860) (附图8)

外部形态特征

体型大，体长10.0～12.0mm。间额宽约为一侧额的1.5倍。触角第三节长约为第二节的4倍，触角芒羽状。侧颜鬃1行，下段的毛较长。下颚须黑色。前胸侧板中央凹陷处具长纤毛。前中鬃存在，其中1对略大，后中鬃为小盾前的1对，后背中鬃4对。r_1脉裸，$2R_5$室开放。腹部第三背板中缘鬃缺如，第四腹板在后缘中央有由短密黑刚毛形成的大形黑色刚毛斑。

雄性尾器特征

肛尾叶从端部向基部收缩，末端具爪；侧尾叶狭长。前阳基侧突分叉深，上枝末端向前弯曲，下枝末端尖；后阳基侧突短，腹面有几根细毛。雄膜状突侧面观前、后均凹陷，端部呈斧状扩展，侧阳体端部两侧的小叶大，前阳基侧突分叉深，前枝长明显大于粗，末端翘起像一拇指。

分布

国内：云南、海南、安徽

国外：印度尼西亚（模式产地：苏拉威西望加锡）

9. 羚足鬃麻蝇 *Sarcorohdendorfia antilope* (Bottcher, 1913) (附图9)

外部形态特征

体型大，体长13.0～16.0mm。间额宽约为一侧额的2倍。触角长，第三节长约为第二节的3倍，触角芒羽状。侧颜鬃1行，下段的毛较长。下颚须黑色。前胸侧板中央凹陷处具长纤毛。前中鬃存在，其中1对略大，后中鬃为小盾前的1对；后背中鬃4对，有时不对称，一边为5对。r_1脉裸，$2R_5$室开放。腹部第三背板中缘鬃存在，第四腹板在后缘中央有由短密黑刚毛形成的大形黑色刚毛斑。

雄性尾器特征

肛尾叶端半部呈膝状弯曲，侧常具鬃状短毛，末端尖细具爪；侧尾叶狭长。前阳基侧突分叉浅，前枝长约等于粗；后阳基侧突宽短，有1根细毛。膜状突前缘平直，后缘向端部扩展，不呈斧形。侧阳体端部末端两侧的小叶很小；内侧插器向前弯曲伸展，长于侧阳体端部，腹部有一排小刺。

分布

国内：黑龙江、辽宁、河南、湖北、台湾（模式产地）、海南、云南、广东、湖南

国外：俄罗斯、日本、朝鲜、大洋洲北部

10. 瘦钩鬃麻蝇 *Sarcorohdendorfia gracilior* (Chen, 1975) (附图10)

外部形态特征

体型大，体长14.0～17.0mm。间额宽约为一侧额的1.5倍。触角长，第三节长约为第二节的4倍，触角芒羽状。侧颜鬃一行，细小。下颚须黑色。前胸侧板中央凹陷处具长纤毛。前中鬃存在，其中1对略大，后中鬃为小盾前的1对，后背中鬃4对。r_1脉裸，$2R_5$室开放。腹部第三背板中缘鬃缺如；第三腹板上密布直立长缨毛；第四腹板在后缘中央有由短密黑刚毛形成的大形黑色刚毛斑，毛斑近于菱形。

雄性尾器特征

肛尾叶端半部呈膝状弯曲，侧常具鬃状短毛，末端尖细不具爪；侧尾叶长约为宽的2倍，略呈三角形。前阳基侧突几乎不分叉，中间形成一个深的缺口；后阳基侧突短小，在基部有1根细毛。膜状突的下内缘向上卷，基部下伸的骨化钩瘦长，无前伸的骨化刺。侧插器向下，末端弯曲向前，腹面有小刺。侧阳体端部腹突向前，末端的钩向下，侧突短尖。

分布

国内：浙江（模式产地：天目山）、广东、台湾

国外：尼泊尔

七、缅麻蝇属 *Burmanomyia* Fan, 1964

触角长，有时第三节长超过第二节的3倍。眼后鬃3行，颊毛部分白色。前胸侧板中央凹陷处有或无纤毛，前中鬃发达，后背中鬃4对。雄性前阳基侧突外侧面有小突起，阳茎特别巨大，膜状突成对或不成对，具骨化强的多尖突；侧阳体基部腹突骨化强，呈片状而小；侧插器2对，内侧插器端部扩大而多毛，紧贴着外侧插器甚至将后者的末端包围；中插器1对，强大而急下屈，出自共同的基部；侧阳体端部侧突片状，不很长，中央部大，表面被有细毛，并具1对叶状的侧枝。

11. 松毛虫缅麻蝇 *Burmanomyia beesoni* (Senior-white, 1924) (附图 11)

外部形态特征

体型大，体长 7.5 ~ 13.0mm。间额宽约为一侧额的 2 倍。触角长，第三节长约为第二节的 4 倍，触角芒羽状。侧颜鬃是不成行的小毛，颊毛大部分黑色，后方 1/4 有淡色毛，眼后鬃 3 行。前胸侧板中央凹陷无毛。后中鬃仅小盾前 1 对，细小；后背中鬃 4 对，越往盾沟越小。r_1 脉裸，$2R_5$ 室开放。腹部第三背板无中缘鬃，第九背板黑色。

雄性尾器特征

肛尾叶端部急剧变细，向前折曲，爪状；侧尾叶狭长。前阳基侧突略短，基部外侧有侧枝；后阳基侧突与前阳基侧突相似，基部无侧枝。阳茎膜状突 1 对，分叉。内侧插器呈刷状，外侧插器呈弯曲的杆状，且腹面生逆刺。腹突宽短，侧阳体端部中央突、末端圆钝，整个阳茎呈斜的"E"字形。

分布

国内：河南、安徽、江苏、上海、浙江、江西、湖北、湖南、四川、福建、台湾、广东、广西

国外：日本、缅甸（模式产地：Mohmyin）、泰国

12. 盘突缅麻蝇 *Burmanomyia pattoni* (Senior-white, 1924) (附图 12)

外部形态特征

体型大，体长 13.0 ~ 17.0mm。间额宽约为一侧额的 3 倍。触角长，第三节长约为第二节的 4.5 倍，触角芒羽状。侧颜鬃细小，不成行，颊后方 3/4 具白毛，前方 1/4 具黑毛。下颚须黑色。眼后鬃 3 行。前胸侧板中央凹陷处具纤毛。后中鬃 1，细小；后背中鬃 4 对，越往盾沟越小。r_1 脉裸，$2R_5$ 室开放。腹部第三背板无中缘鬃，第七、八合背板与第九背板棕色。

雄性尾器特征

肛尾叶中部稍向前弯曲，末端具爪；侧尾叶长而宽。前阳基侧突基部外侧面有分枝；后阳基侧突短小。阳茎膜状突巨大、盘状、不成对。内侧插器端部多毛以至将外侧插器末端包裹，后者腹面无逆生刺，在中部有一向前的短刺突。侧阳体端部中央突、末端圆钝。

分布

国内：河南、湖北、台湾、四川、云南、福建

国外：越南、尼泊尔、印度（模式产地：马德拉斯的柯诺尔）、印度尼西亚（爪哇）

八、球麻蝇属 *Phallosphaera* Rohdendorf, 1938

头宽，其高度略小于其宽度。触角长，其末端达于眼下缘的水平以下，第三节长约为第二节的3~5倍，芒具长纤毛。雄性额狭，约为眼宽的1/2，侧颜在触角基部水平上等于眼长的1/2，向下几乎不收缩，具多数小纤毛。颊高约为眼高的1/3。口前缘突出，前颏长为其本身高的3~4倍。下颚须略细长。前胸侧板中央凹陷处有毛或裸；前中鬃常有，后中鬃常为小盾前1对；后背中鬃4对。腹侧片鬃1:1:1，但前方的两个靠近。2R$_5$室开放。股节具栉，但不典型，由颇细的鬃组成。第七、八合腹节沿后缘无鬃，较第九背板宽并且膨隆明显。前阳基侧突末端常分叉，后阳基在基部半段上具鬃，端部有时具齿状的突起。阳茎结构特殊，暗而不透明，整个如一团块；侧阳体端部界限分明，中央突骨化弱；侧突骨化强，或者特别大，向前方卷曲形成圆锥形，锥顶指向后方两侧，或者不是很大，锥顶亦较细小。膜状突1对，常为膜质的片，且呈翼状向两侧伸展，侧阳体基部腹突小，仅为很不明显的小骨片。侧插器特别发达，端部巨大，主要为膜质，表面被小棘，形状不规则，卷曲如木耳，芯部骨化。中插器不成对，隐于侧插器之间。肛尾叶短，后面观开叉占端部的2/5~1/2，端部外侧具刺，在近端部的后缘常有一群毛，末端具爪。侧尾叶通常长形，第五腹板有一突粒。腹部第三背板有时具中缘鬃。

13. 华南球麻蝇 *Phallosphaera* (*Yunnanomyia*) *gravelyi* (Senior-White,1924) (附图13)

外部形态特征

体型大，体长10.0~15.0mm。侧额与侧颜有金色粉被，间额宽约为一侧额的3倍。触角长，第三节长约为第二节的4倍，触角芒羽状。侧颜鬃细小，不成行，下段的毛较强大。下颚须黑色。前胸侧板中央凹陷处裸。后中鬃1对，弱小，后背中鬃4对，腹侧片鬃1:1:1，但前方的2个靠近。r$_1$脉裸，2R$_5$室开放。腹部第三背板无中缘鬃，第七、八合腹节沿后缘无鬃，第五腹板后缘腹面的正中突呈乳头状。

雄性尾器特征

侧面观肛尾叶后缘毛与近端部后侧直立鬃状毛簇之间不相连，前缘外侧仅端部有棘，端部前缘直立或微曲，通常爪偏前缘；侧尾叶近于等腰三角形。前阳基侧突末端有短小分叉，后阳基侧突末端不分叉。阳茎结构特殊，暗而不透明，整个如一团块。膜状突1对，常为膜质的片，且呈翼状向两侧伸展。侧插器特别发达，端部巨大，主要为膜质，表面被小棘，形状不规则，卷曲如木耳，芯部骨化。侧阳体端部界限分明，中央突骨化弱，侧突骨化强，或者特别大，向前方卷曲形成圆锥形；锥顶指向后方两侧，有时不是很大，较细小。

分布

国内：辽宁、浙江、湖北、四川、福建、台湾、广西、江西

国外：朝鲜、日本、泰国、尼泊尔、印度

九、克麻蝇属 *Kramerea* Rohdendorf, 1937

触角长，第三节长为第二节的2.5～3倍；额狭，为眼宽的1/3～2/5；髭稍高于口前缘；侧颜宽，大于眼长的2/5，具2或3行毛，最长的侧颜毛等于侧额的宽度。颊高约为眼高的2/5，向后方膨隆。口前缘不很向前突出。触角芒的毛不特别长。喙中等长；前颊长为其本身高的4～5倍。前胸侧板中央凹陷处有黑色纤毛；前中鬃在盾沟前常有1对，后中鬃1对，后背中鬃4对，前方两对稍弱。小盾端鬃很发达，小盾侧鬃缺如。r_1脉裸，$2R_5$室开放。股具栉；其组成的鬃不特别粗壮。雄第七、八合腹节后缘无鬃；第九背板短，长度显然短于其高度。肛尾叶短而宽，裂开几乎达中部，其分枝部宽，相互背离。侧阳体短，端部界限分明，非常弯曲，侧突缺如。基阳体短，其长度为阳基的2/3。膜状突短而复杂，被有小棘。侧尾叶为一具延伸而尖的末端的三角形骨板。后阳基侧突在端部有一鬃。

14. 舞毒蛾克麻蝇 *Kramerea schuetzei* (Kramer, 1909) (附图14)

外部形态特征

体长8.0～14.0mm。间额宽约为一侧额的2倍。触角长，第三节长约为第二节的3倍，触角芒羽状。侧颜宽，大于眼长的2/5，具2或3行毛，最长的侧颜毛等于侧额的宽度。下颚须黑色。前胸侧板中央凹陷处有黑色纤毛。前中鬃在盾沟前常有1对，后中鬃1对，柔弱；后背中鬃4对，前方两对稍弱；小盾端鬃很发达；小盾侧鬃缺如。r_1脉裸，$2R_5$室开放。腹部第三背板无中缘鬃，第七、八合腹节后缘无鬃，第九背板短，长度显然短于其高度。

雄性尾器特征

肛尾叶短而宽，裂开几乎达中部，其分枝部宽，相互背离；侧尾叶宽短，呈三角形骨板。前阳基侧突短，中部弯曲，端部有膜状突起；后阳基侧突短，端部变细，中部有一根长鬃毛。基阳体短，其长度为阳基的2/3。膜状突短而复杂，被有小棘。侧阳

体短，端部界限分明，非常弯曲，侧突缺如。

分布

国内：黑龙江、吉林、辽宁、内蒙古、北京、山西、陕西、甘肃、河南

国外：日本、朝鲜、蒙古、俄罗斯、波兰、德国东部（模式产地）、捷克、斯洛伐克、匈牙利、保加利亚、南斯拉夫

十、刺麻蝇属 *Sinonipponia* Rohdendorf, 1959

前中鬃4或5对，后背中鬃3或4对，前胸侧板中央凹陷处具少数纤毛，雄性小盾片常具1对侧端鬃。第三背板具1对中缘鬃。颊高为眼高的2/5～1/4，后胫具疏的长缨毛。前缘刺发达。雄性肛尾叶末端具爪，前阳基侧突具刃状的前缘，略直，基阳体短，阳体像一只手指撮合状的手。膜状突尖瘦，成对，侧阳体基部腹突骨化而狭长，分叉或不分叉。侧阳体端部的近基部大而向末端急收尖小，并且向前曲，具尖细或卵形片状的侧突，中央突尖而直立，在其近末端处有一对逆生的小刺。前阳基侧突部分增宽，末端常钝。

15. 立刺麻蝇 *Sinonipponia hervebazini* (Seguy, 1934) (附图15)

外部形态特征

体长6.0～9.0mm。间额宽约为一侧额的2倍。触角第三节长约为第二节的3倍，触角芒羽状。侧颜鬃1行。颊高约为眼高的1/3。下颚须黑色。前侧板中央凹陷处裸或具少数纤毛。前中鬃缺如，后中鬃1对，细小；后背中鬃4对，越往盾沟越小；小盾片具1对侧端鬃。r_1脉裸，$2R_5$室开放，前缘刺弱小。腹部第三背板中缘鬃缺如。

雄性尾器特征

肛尾叶中部稍弯曲，末端具尖爪；侧尾叶短小。前阳基侧突具刃状的前缘，略直；后阳基侧突末端稍弯曲，有一根细毛。基阳体短，阳体像一只手指撮合状的手。阳茎膜状弱小，透明。侧阳体基部腹突侧面观宽而末端两分叉，侧阳体端部侧突略呈匙状；侧阳体端部中央突侧枝向后伸展，形成倒刺。

分布

国内：辽宁、河南、甘肃、江苏、上海（模式产地）、浙江、江西、湖北、四川、贵州、云南、安徽、陕西

国外：朝鲜、日本、俄罗斯

16. 海南刺麻蝇 *Sinonipponia hainanensis* (Ho, 1936) (附图 16)

外部形态特征

体长 6.0 ~ 9.0mm。间额宽约为一侧额的2倍。触角第三节长约为第二节的3.5倍，触角芒羽状。侧颜鬃仅在侧颜下端有3根，较粗，其余甚是细小。下颚须黑色。前胸侧板中央凹陷处裸。前中鬃缺如，后中鬃1对，弱小；后背中鬃4对，越往盾沟越小。r_1脉裸，$2R_5$室开放，前缘刺弱小，r_{4+5}在径脉结节到r-m脉段上有一行小鬃。腹部第三背板中缘鬃存在，个别个体缺如。

雄性尾器特征

肛尾叶直，末端具爪；侧尾叶宽短，椭圆。前阳基侧突宽大，中间有一突起；后阳基侧突尖细，端部有1根细毛。基阳体短，阳体像一只手指撮合状的手。阳茎膜状突骨化强。侧阳体基部腹突侧面观不分叉；侧阳体端部侧突长，略尖，与中央突几乎末端相齐；侧阳体端部中央突腹面有小的倒刺。

分布

国内：福建、台湾、海南（模式产地）、云南、广东

国外：未知

十一、堀麻蝇属 *Horiisca* Rohdendorf, 1965

触角第三节长为第二节的3倍，前胸侧板中央凹陷处裸；前中鬃两行近盾沟的1对最长，后中鬃1对，后背中鬃4对。r_1脉裸。腹部第三背板无中缘鬃。雄第四腹板后缘毛倒伏细长，第五腹板内缘中段膨隆，上面着生短鬃；雄肛尾叶端段强烈向前弯曲，末端尖，后视开裂段之间大于肛尾叶端部宽；前阳基侧突两分叉，前枝宽而长，后枝退居其后；侧阳体端部不比基部短，侧阳体超过基阳体长，后者较粗壮，侧阳体端部完整无细长侧突，亦无小棘，末端正中有一小裂缝；膜状突为单纯的1对。

17. 鹿角堀麻蝇 *Horiisca hozawai* (Hori, 1954) (附图 17)

外部形态特征

体长 9.0 ~ 13.0mm。额宽约为眼宽的一半，间额黑，下眶鬃9 ~ 13，头前面具金黄色粉被。侧额鬃细，颊后头沟前有少数白毛，颊高为眼高的1/3。触角第三节长为第二节的3倍，触角芒羽状。下颚须黑，前颏长约为其本身高的2.5倍。眼后鬃3行，第二、三行不整齐。翅透明，无前缘刺，前缘脉第三段长为第五段的1.5倍。腋瓣白，缘缨亦白。中股后腹面、后股腹面和后胫腹面具缨毛。腹具相当宽的3条黑纵条和暗色缘

带；第七、八合腹节无缘鬃，有粉被，第九背板亮黑。

雄性尾器特征

肛尾叶端部向前呈95°角弯曲，尖端偏在外缘；侧尾叶宽短，端部圆，略呈长方形的骨板。前阳基侧突前枝长而末端宽阔多齿，宛如鹿角；后阳基侧突端部弯曲，钩状，有1根长细毛。膜状突巨大，成对。侧阳体端部不比基部短，侧阳体长超过基阳体，后者较粗壮，侧阳体端部完整，无细长侧突，亦无小棘，末端正中有一小裂缝。

分布

国内：浙江、云南

国外：朝鲜、日本（模式产地：本州石川后高山、九州）

十二、所麻蝇属*Sarcosolomonia* Baranov, 1938

雄颊不高，侧颜鬃通常较细长；前胸侧板中央凹陷处裸；前中鬃4~6对，后中鬃1对，仅位于小盾前，后背中鬃4对，腹侧片鬃1:1:1；前缘刺不发达，r_1脉裸，少数具毛，中股栉常不发达。足缨毛有或无。第三背板无中缘鬃或发达，第七、八合腹节无缘鬃。雄性肛尾叶侧面观常在近端部稍向前弯曲，并略收狭，末端具爪；前阳基侧突常急弯曲，而到末端稍增宽，有时末端如两分叉。基阳体不粗壮，通常短于阳茎，侧阳体基部与端部相愈合，基部短，腹突发达，而端部长大并向前弯曲，常有侧突，末端往往收尖；膜状突一对，较小；侧插器细长如丝，隐于端部中央突内。

18. 偻叶所麻蝇 *Sarcosolomonia harinasutai* Kano et Sooksri, 1977 (附图18)

外部形态特征

体长8.0~9.0mm。间额宽约为一侧额的1.5倍。侧颜鬃细长。触角第三节长约为第二节的4倍，触角芒羽状。颊不高，下颚须黑色。前胸侧板中央凹陷处裸。前中鬃存在，后中鬃1对；后背中鬃4对，越往盾沟越小；腹侧片鬃1:1:1。r_1脉裸，$2R_5$室开放，前缘刺弱小。足无缨毛。腹部第三背板无中缘鬃。

雄性尾器特征

肛尾叶分离段较长，末端爪小，向前钩曲，后面观如一对"O"形足，在"膝部"扭曲；侧尾叶宽短，呈三角形的骨板。前阳基侧突末端有短钝的两分叉；后阳基侧突细长。膜状突短。侧阳体端部侧突瘦，直伸向下，末端匙状，显然比中央突短小；侧阳体端部中央突巨大，如一根弯曲的香蕉。

分布

国内：云南、海南

国外：泰国（模式产地）

十三、何麻蝇属 *Hoa* Rohdendorf, 1937

触角相当长，第三节长约为第二节的2倍，额宽约为眼高的3/5。前胸侧板中央凹陷处裸，前中鬃发达，后背中鬃4对。前缘刺不发达，r_1脉裸，r_{4+5}脉第一段上的小毛越过中部。足部的栉不发达。腹部第三背板有1对中缘鬃。阳茎有厚实的侧阳体基部，无腹突，侧阳体端部大，末端扩展并具齿状侧突；中央突长而向背卷曲，侧插器细长；膜状突短，为1对不大的疣状物；肛尾叶常形。雌性第六背板完整。

19. 卷阳何麻蝇 *Hoa flexuosa* (Ho, 1934) (附图19)

外部形态特征

体长6.0~9.0mm。间额宽约为一侧额的2.5倍。触角第三节长约为第二节的2倍，触角芒羽状。侧颜具细小的毛。眼后鬃3行。下颚须黑色。前胸侧板中央凹陷处裸。前中鬃发达，后中鬃1对；后背中鬃4对。r_1脉裸，r_{4+5}脉第一段上的小毛越过中部，$2R_5$室开放。足股无，后胫无缨毛，后足转节腹面有不很密的长鬃。腹部第三背板有1对中缘鬃。

雄性尾器特征

肛尾叶中部向前折曲，末端具爪；侧尾叶宽短。前阳基侧突呈半管状，末端有突起；后阳基侧突与前阳基侧突相似，末端无突起。膜状突短，为1对不大的疣状物。阳茎无腹突，侧阳体端部大，末端扩展并具齿状分叉的侧突，分叉的尖端都向下；中央突长而向背卷曲，侧插器细长。

分布

国内：辽宁、河北、北京（模式产地）、山东、河南、陕西、江苏、上海

国外：未知

十四、细麻蝇属 *Pierretia* Robineau-Desvoidy, 1863

触角短，第三节为第二节的1.5~2倍，少数为3倍，触角芒有时呈稍短的羽状；雄性额宽为眼宽的2/5~1/2，较少是狭的，仅及一眼宽的1/3；雌雄额较宽，比眼宽狭。颜比额宽，眼内缘明显向两侧方背离。髭位于口前缘线上。侧颜狭，宽为颊的1/2~3/4，为眼长的1/6~2/5，侧颜鬃一般有3~5根很长的鬃，长度超过侧颜宽，并有成行

的短细毛。颊狭，为眼高的1/5~1/3。口前缘明显突出；前胸侧板中央凹陷处裸，有些种类部分个体具纤毛；后背中鬃3对，有时不对称，一侧为3、一侧为4。后中鬃1对，仅位于小盾前，少数缺如。r_1脉通常无小刚毛。$2R_5$室开放。雄中股栉常缺如。有些种类的第三、四腹板具密而长的缨毛，第五腹板基部一般比侧叶短，大多具窗；第七、八合腹节中等大小，通常无缘鬃。雄肛尾叶一般具爪，个别种末端尖细；侧阳体端部与基部之间界限不易分清；大多数种侧阳体端部不分化出明显的侧突。

20. 锡霍细麻蝇 Pierretia (Phallantha) sichotealini (Rohdendorf, 1938)（附图20）

外部形态特征

体长5.0~7.0mm。间额与一侧额等宽，外顶鬃发达。触角第三节长约为第二节的2倍，触角芒羽状。侧颜具细小的毛，仅在下端的3根较长。下颚须黑色。前胸侧板中央凹陷处具毛。中胸盾片具三黑色纵条，后中鬃1对，仅位于小盾前；后背中鬃3对，均发达。r_1脉裸，$2R_5$室开放。后胫无长缨毛。腹部第三背板具中缘鬃，第三、四腹板上具较密的长毛，第七、八合腹节暗。

雄性尾器特征

肛尾叶直，末端的爪较长；侧尾叶宽短，端部圆。前阳基侧突稍弯曲；后阳基侧突末端具爪，爪前有一根细毛。膜状突花朵状，由一共同柄上分出上、下两叶；上叶又分为向两侧扩展的侧片，侧片的基部长而骨化，而端部呈圆瓣状，膜状透明；下叶单一，膜质具齿缘，两侧向下折垂，宛如一嫩叶。侧阳体基部两侧具耳状突和长大而末端尖细弯曲的腹突，侧阳体端部中央略呈泡状，侧突主体骨化强，呈末端圆的短蒜叶形，其基部另有细小而弯曲的枝。

分布

国内：黑龙江、吉林、辽宁、江苏、上海、湖北、四川、云南

国外：朝鲜南部、日本、俄罗斯（模式产地：锡霍特阿林）

21. 林细麻蝇 Pierretia (Arachnidomyia) nemoralis(Kramer, 1908)（附图21）

外部形态特征

体长8.0~12.0mm。间额宽约为一侧额的1.5倍。触角短，第三节长约为第二节的2倍，触角芒羽状。侧颜鬃在侧颜下段有4根强大的毛，其余细小。下颚须黑色。外顶鬃发达。前胸侧板中央凹陷裸。前中鬃缺如，后中鬃1对，仅位于小盾前；后背中鬃3对，均发达。r_1脉裸，$2R_5$室开放，前缘脉第三段比第五段长。后胫具较长密的缨毛。

腹部第三背板中缘鬃通常强大，第三、四腹板上的毛短。

雄性尾器特征

肛尾叶粗短，末端具爪；侧尾叶短小。前阳基侧突基部呈直角向前弯曲，中间腹面突起；后阳基侧稍波曲。膜状突1对，骨化弱，透明，在前缘基部愈合，如抱合状，游离缘具不规则的小齿。侧阳体不太骨化，宽大而端部后缘圆；基部腹突前伸且分叉，中插器大，侧插器长。

分布

国内：黑龙江

国外：乌克兰、俄罗斯、欧洲北部和中部（模式产地：德国）

22. 青岛细麻蝇 *Pierretia (Arachnidomyia) tsintaoensis* Yeh, 1964（附图22）

外部形态特征

体长6.5~8.0mm。额相对突出，间额宽约为一侧额的2倍。外顶鬃不发达。触角短，第三节长约为第二节的2.5倍，触角芒羽状。侧颜鬃细小，不规则。下颚须黑色。前胸侧板中央凹陷处裸。前中鬃缺如；后中鬃1对，仅位于小盾前；后背中鬃4对，都相当发达。r_1脉具有小鬃毛，$2R_5$室开放。前缘刺发达。腹部第三背板具中缘鬃。

雄性尾器特征

肛尾叶宽直，末端具爪；侧尾叶基部细，端部膨大。前阳基侧突波曲，末端有膜状突起；后阳基侧突上有2根细毛。膜状突片状，透明。腹突骨化强，须状突刺状，侧插器中部外侧有一刺状物。侧阳体端部中央突向后弯曲，末端尖。

分布

国内：山东（模式产地：青岛）、天津

国外：未知

23. 上海细麻蝇 *Pierretia (Asiopierretia) ugamskii* (Rohdendorf, 1937)（附图23）

外部形态特征

体长6.0~8.0mm。间额宽约为一侧额的2.5倍。外顶鬃发达。触角第三节长为第二节的2倍，触角芒羽状。侧颜鬃细小。颊高不超过眼高的1/3。下颚须黑色。中胸盾片具三黑色纵条，腹部棋盘状斑明显。前侧板中央凹陷处裸。前中鬃无；后中鬃仅在小盾前1对；后背中鬃3对，均发达；无前翅内鬃，腹侧片鬃1:1:1。r_1脉上具小刚毛，$2R_5$室开放。前缘刺发达。后足胫节腹面无缨毛，中足股节无淡色毛。腹部第三背板无中缘鬃或者弱小，第三、四背板正中的黑色纵条斑常呈前方较狭的梯形。

雄性尾器特征

肛尾叶后缘略呈阶状波曲，末端具爪；侧尾叶基部细，端部相当宽。前阳基侧突端半部收窄，末端尖；后阳基侧突略直，而末端具小爪。膜状突长度不超过侧阳体基部腹突的长度，末端尖、侧面观边缘平滑。侧阳体基部腹突骨化强，侧阳体端部横阔，不很骨化，中央突短小。

分布

国内：黑龙江、吉林、辽宁、河北、山东、河南、江苏、上海、湖北

国外：朝鲜南部、日本、俄罗斯（模式产地：乌苏里边区）

24. 杯细麻蝇 *Pierretia* (*Ascelotella*) *calcifera* (Boettcher, 1912) (附图24)

外部形态特征

体长5.0~8.0mm。间额宽约为一侧额的2倍。外顶鬃不发达。触角第三节长约为第二节的2倍，触角芒羽状。侧颜鬃细小，只有下段2根较强大。颊高约为眼高的1/3。眼后鬃2行。前胸侧板中央凹陷处有时具纤毛。前中鬃缺如；后中鬃仅在小盾前1对；后背中鬃3对，均发达。r_1脉上具小刚毛，$2R_5$室开放。前缘刺发达。后胫具缨毛。腹部第三背板中缘鬃不发达。

雄性尾器特征

肛尾叶直，前、后缘几乎并行，至近端部才渐收缩，末端有一接近中央的爪；侧尾叶端部膨大且圆。侧面观前阳基侧突端部宽大，如豆荚状，后阳基侧突亦较直。成对的膜状突瘦长而简单，亦比侧阳体基部为长，端部骨化强，末端尖，微向前弯。腹突向前伸展，末端变尖细，侧阳体端部多下垂的突起。

分布

国内：云南、台湾（模式产地）、海南

国外：日本、菲律宾、印度、尼日利亚、扎伊尔、乌干达

25. 翼阳细麻蝇 *Pierretia* (*Bellieriomima*) *pterygota* (Thomas, 1949) (附图25)

外部形态特征

体长7.0~12.0mm。外顶鬃不发达，侧额与侧颜具金黄色粉被。间额宽约为一侧额的1.5倍。触角长，第三节长约为第二节的2.5倍，触角芒羽状。侧颜鬃1行，下端3~4根较粗。下颚须黑色。眼后鬃3行。前胸侧板中央凹陷处裸。前中鬃缺如；后中

鬃仅在小盾前1对；后背中鬃3对，均发达。r$_1$脉上具小刚毛，2R$_5$室开放。前缘刺发达。后胫具缨毛，后足股节整个腹面具密缨毛。腹部第三背板中缘鬃不发达；第五腹板两侧叶内缘缓缓向两侧背离，侧叶显然长于基部，上面的鬃较细长。

雄性尾器特征

肛尾叶后缘平滑地缓缓弯曲，末端尖，微向前指；侧尾叶为呈三角形的骨板。前阳基侧突粗直，末端圆；后阳基侧突端部弯曲，钩状，有一根细毛。膜状突很强地向下弯曲，端部大部膜质扩展，前缘中部有微毛列，骨质齿状突在近端部1/8处。侧阳体端部骨化弱，无突起，末端急剧收窄。

分布

国内：江苏、上海、浙江、四川、广西、福建、山东、海南、重庆（模式产地）、江西、陕西

国外：日本

26. 台南细麻蝇 *Pierretia* (*Bellieriomima*) *josephi* (Boettcher, 1912) (附图26)

外部形态特征

体长7.0～13.0mm。外顶鬃不发达。间额宽约为一侧额的2倍。触角长，第三节长约为第二节的3.5倍，触角芒羽状。侧颜鬃在靠近眼缘处有1行较强大，其余弱小。下颚须黑色。前胸侧板中央凹陷处裸。中胸盾片具三黑色纵条，腹部棋盘状斑明显。后中鬃1对，在小盾前；后背中鬃3对，均发达；腹侧片鬃1:1:1。前缘刺不发达。r$_1$脉上无小刚毛，2R$_5$室开放。第三背板中缘鬃常缺，腹部第三、四腹板具较长的毛。

雄性尾器特征

肛尾叶后缘弯曲，而前缘几乎是直的，末端具爪；侧尾叶宽，近似三角形。前阳基侧突稍弯曲，末端有突起；后阳基侧突端部弯曲，末端尖，基部有1根细长毛。膜状突相当长，伸向前方下屈，前缘有一骨盾小齿。侧阳体端部主要为一对表面被有小棘的前屈的瓣片，在基部有一对指向前方的不很大的钝突。

分布

国内：吉林、辽宁、河北、河南、江苏、上海、浙江、湖南、四川、云南、贵州、福建、台湾（模式产地）、广东、海南、黑龙江

国外：朝鲜、日本、东南亚

27. 肯特细麻蝇 *Pierretia* (*Thyrsocnema*) *kentejana* (Rohdendorf, 1937) (附图27)

外部形态特征

体长7.5~10.0mm。外顶鬃发达。间额宽约为一侧额的3倍。触角短,第三节长约为第二节的2倍,触角芒短羽状。侧颜下段的鬃强大。下颚须黑色。前胸侧板中央凹陷处裸。前中鬃缺如;后中鬃仅小盾前1对,弱小;后背中鬃3对,均发达。r_1脉裸,$2R_5$室开放。前缘刺不发达。第三背板中缘鬃常缺,第三、四腹板具较长的毛或缨毛。

雄性尾器特征

肛尾叶略直,末端具爪;侧尾叶为呈三角形骨板,端部很尖细。前阳基侧突端部弯曲,后阳基侧突端部收细变尖。膜状突在基部分叶为2对,均前伸;下方的1对骨化强,在基部背方具钝头毛,末端向下钩曲;上方的1对骨化较弱,布满钝头毛。侧阳体基部腹突尖削,与膜状突等长,中插器很长,呈带状垂于侧阳体端部的前下方,上面布满淡色纤毛;侧阳体端部中央发达,具1须状侧枝,中央突钩形,侧插器细长。

分布

国内:黑龙江、吉林、辽宁、内蒙古、青海、云南、西藏

国外:蒙古(模式产地:肯特西南苏卓克特)、俄罗斯、罗马尼亚(北部山地)

28. 乌苏里细麻蝇 *Pierretia* (*Bellieriomima*) *stackelbergi* (Rohdendorf, 1937) (附图28)

外部形态特征

体长8.5~11.0mm。间额宽约为一侧额的2.5倍。触角短,第三节长约为第二节的2.5倍,触角芒短羽状。侧颜鬃仅在侧颜下段2~3根粗。下颚须黑色。前胸侧板中央凹陷处裸。前中鬃缺如;后中鬃仅小盾前1对,弱小;后背中鬃3对,均发达。r_1脉裸,$2R_5$室开放,前缘刺不发达。后胫具缨毛。腹部第三背板中缘鬃缺如,第三、四腹板上的毛短;第五腹板侧叶宽约为基本长的1/3。

雄性尾器特征

肛尾叶端部渐瘦而前弯,末端具偏后的一小爪;侧尾叶狭长。前阳基侧突末端稍微卷曲;后阳基侧突短,末端尖。膜状突骨化强,1对,带状,向下又前屈,末端近似勺形。侧阳体比基阳体长,前者大部分骨化弱。侧阳体端部具较密的小棘,在前缘近端部有一透明的刺。

分布

国内:黑龙江、吉林、辽宁

国外:俄罗斯(模式产地:西伯利亚东部乌苏里边区)

29. 膝叶细麻蝇 *Pierretia (Pachystyleta) genuforceps* (Thomas, 1949) (附图29)

外部形态特征

体长8.0～14.0mm。侧额和侧颜具金黄色粉被，间额宽约为一侧额的3倍。触角长，第三节长约为第二节的3倍，触角芒羽状。侧颜鬃仅在侧颜下段3根稍强大。下颚须黑色。前胸侧板中央凹陷处裸。前中鬃缺如；后中鬃仅小盾前1对；后背中鬃4对，均发达。r_1脉裸，$2R_5$室开放。前缘刺不发达。后胫具缨毛。腹部第三背板中缘鬃缺如；第三、四腹板上的毛短，第五腹板两侧叶基部远离，窗横阔，呈矮的等腰三角形。

雄性尾器特征

肛尾叶很宽，前缘内陷，后缘较直，末端斜切，爪小；侧尾叶宽，端部圆。前阳基侧突宽短，后缘骨化强，前部为一薄片；后阳基侧突与前阳基侧突相似。膜状突较骨化，在其两侧各有一叶角突。侧阳体端部近似舌形，末端分叉。侧插器特粗壮，具缘齿，近端部为膜被所包裹。

分布

国内：河南、浙江、四川、重庆（模式产地：歌乐山）

国外：未知

30. 瘦叶细麻蝇 *Pierretia (Thomasomyia) graciliforceps* (Thomas, 1949) (附图30)

外部形态特征

体长9.0～12.0mm。侧额和侧颜具金黄色粉被，间额宽约为一侧额的2.5倍。触角短，第三节长约为第二节的2.5倍，触角芒羽状。侧颜鬃仅在侧颜下段3根稍强大。下颚须黑色。前胸侧板中央凹陷处裸。前中鬃缺如；后中鬃仅小盾前1对；后背中鬃3对，均发达。r_1脉裸，$2R_5$室开放。前缘刺发达。后胫具缨毛，后足股节腹面仅具短毛。腹部第三背板中缘鬃缺如，第三、四腹板上的毛短。

雄性尾器特征

肛尾叶瘦长而渐向末端变尖，并向前方缓缓弯曲，末端无爪；侧尾叶为狭小的三角形骨板。前阳基侧突特别短；后阳基侧突比前阳基侧突长，端部腹面有1根细长毛。膜状突小而骨化强，侧插器直，隐于呈球体而不太骨化的侧阳体端部。

分布

国内：河南、江苏、浙江、湖北、湖南、四川、重庆（模式产地：歌乐山）、安徽

国外：未知

31. 球膜细麻蝇 Pierretia (Bellieriomima) globovesica Ye, 1980 (附图31)

外部形态特征

体型大，体长11.0～12.0mm。侧颜下段具金黄色粉被，间额宽约为一侧额的2倍。触角短，第三节长约为第二节的2.5倍，触角芒羽状。侧颜鬃仅在侧颜下段4～5根稍强大。下颚须黑色。前胸侧板中央凹陷处裸。前中鬃缺如；后中鬃仅小盾前1对；后背中鬃3对，均发达。r_1脉裸，$2R_5$室开放。前缘刺不发达。后胫具缨毛，后足股节腹面仅具长缨毛。腹部第三背板中缘鬃缺如，第三、四腹板上的毛短。

雄性尾器特征

肛尾叶前、后缘大体平行；侧尾叶宽长，端部圆。前阳基侧突末端有突起；后阳基侧突末端尖，中间有1根短硬毛。膜状突异常巨大，呈球面向前突出，后下方有突起。侧阳体端部侧突短，末端截状。

分布

国内：四川（模式产地：米易）、广东

国外：越南

32. 微刺细麻蝇 Pierretia (Bellieriomima) diminuta (Thomas, 1949) (附图32)

外部形态特征

体长3.5～9.0mm。外顶鬃不发达。间额约与一侧额等宽。触角短，第三节长约为第二节的2倍，触角芒羽状。侧颜鬃在侧颜下段2～3根较粗。颊毛前半部黑色，后半部具白毛。下颚须黑色。前胸侧板中央凹陷处裸。前中鬃缺如；后中鬃1对；后背中鬃3对，均发达。r_1脉裸，$2R_5$室开放。前缘刺发达。后胫无缨毛。腹部第三背板中缘鬃缺如。

雄性尾器特征

肛尾叶基部宽，端部渐瘦而向前弯，末端具一小爪；侧尾叶狭短。前阳基侧突末端有突起；后阳基侧突末端尖，中部有一根细毛。阳茎短，膜状突骨化强，呈指状向两侧伸展。腹突膜状，末端有刺。侧阳体端部中央突的两侧有1对刺。

分布

国内：河北、陕西、四川、重庆（模式产地：北温泉）、福建

国外：未知

33. 拉萨细麻蝇 *Pierretia (Pseudothyrsocnema) lhasae* **Fan,1964** (附图33)

外部形态特征

体长4.5~9.0mm。外顶鬃发达。侧颜下段具银白色粉被，间额宽约为一侧额的2倍。触角短，第三节长约为第二节的2倍，触角芒短羽状。侧颜鬃弱小。颊毛大部分黑色，在近颊后头沟处有少数白毛。下颚须黑色。前胸侧板中央凹陷处裸。中鬃缺如，后背中鬃3对，均发达。r_1脉裸，$2R_5$室开放。前缘刺发达，前缘脉第三段短于第五段。后胫无缨毛。腹部第三背板中缘鬃缺如。

雄性尾器特征

肛尾叶在中腰稍向前弯，末端有一小爪；侧尾叶宽，端部圆。前阳基侧突端部腹面具膜状的突起；后阳基侧突尖细，基部有1根短毛。基阳体比阳茎短小。膜状突发达，背侧连腹侧分为成对的叶，背缘锯齿状。侧阳体基部腹突狭长而末端钝，侧阳体端部大，沿正中骨化而边缘膜质，侧突具盾齿缘。侧插器细长。

分布

国内：西藏（模式产地：拉萨）

国外：未知

34. 鸡尾细麻蝇 *Pierretia (Pseudothyrsocnema) caudagalli* **(Boettcher, 1912)** (附图34)

外部形态特征

体长4.8~8.0mm。外顶鬃不发达。间额与一侧额约等宽。触角短，芒羽状。侧颜鬃在侧颜下段2~3根较粗。颊毛前半部黑色，后半部具白毛。下颚须黑色。前胸侧板中央凹陷处裸。前中鬃缺如；后中鬃1对；后背中鬃3对，通常在前方或中部多1对鬃或左右不对称（一侧为3，一侧为4）。r_1脉裸，$2R_5$室开放，前缘刺发达。后胫无缨毛。腹部第三背板中缘鬃缺如；第五腹板窗的前方有横的隆起，具密的短小刚毛。

雄性尾器特征

肛尾叶基部宽，端部瘦直，末端具爪；侧尾叶似叶状，游离端下垂，可达肛尾叶近端处。前阳基侧突末端突起；后阳基侧突细短，末端有1细毛。膜状突1对，片状。侧阳体基部腹突几乎与膜状突平行而伸向前方，侧阳体端部中央突瘦长且弯曲向上方。侧插器细长。

分布

国内：河南、江苏、浙江、四川、重庆、福建、台湾（模式产地）、海南、云南、广东、安徽

国外：未知

十五、麻蝇属 *Sarcophaga* (Meigen, 1826) Rohdendorf, 1937

触角中等长，第三节长为第二节的1.75～2.75倍。额宽为眼宽的1/2～3/5；眼内缘明显向两侧背离。髭正好位于口前缘。侧颜很宽，在触角基部水平为眼长的2/5～3/5，向下几乎不收缩。侧颜鬃大多为1行垂直的鬃列，颇柔弱，最长的仅及侧颜宽的3/4。颊高约为眼高的2/5；口前缘突出；触角芒具长纤毛。喙不特别短，前颏长为其本身高的4～5倍。前胸侧板中央凹陷处裸，中鬃0+1，后背中鬃4对，前方2对稍短，r_1脉裸，r_{4+5}脉第一段常具小刚毛。足部栉很发达。腹部第三背板有一对中缘鬃。雄第五腹板无刺，也没有大型的鬃。第七、八合腹节长约为其高的1.5倍，后缘有大形的鬃列，很少是膨隆的。第九背板很短。基阳体颇短，阳茎长，具有1对端部转移的膜状突；侧阳体端部膜质透明；侧插器骨化很强，直而粗壮。侧阳体基部腹突细如鬃状，与侧插器紧密毗邻。后阳基侧突直，仅近端处稍微弯曲，在端部有一鬃。雄尾节呈黑色。雌性第六背板很深地裂开，带有红色。

35. 常麻蝇 *Sarcophaga variegate* (Scopoli, 1763) (附图35)

外部形态特征

体长12.0～16.0mm。间额宽约为一侧额的4倍。触角中等长，第三节长为第二节的2倍，触角芒羽状。侧额和侧颜具金黄色粉被，颊高约为眼高的3/5，口上片突出，下颚须黑色。前胸侧板中央凹陷处裸。中鬃0+1；后背中鬃4对，前方2对稍短。r_1脉裸，r_{4+5}脉第一段具小刚毛。腹部第三背板有一对中缘鬃；雄性第五腹板无刺，也没有大型的鬃。

雄性尾器特征

肛尾叶平直，端部逐渐变狭而向前弯曲，末端为一尖长爪；侧尾叶狭长。前阳基侧突端部有膨大的突起。阳茎膜状突大都骨化，稍狭长，其宽不超过侧阳体基部的下段宽。侧插器指向前方，其长度显然超过侧阳体基部的长度。

分布

国内：黑龙江、内蒙古、新疆

国外：蒙古、俄罗斯、吉尔吉斯斯坦、塔吉克斯坦、丹麦、欧洲（模式产地：瑞典）

十六、别麻蝇属 *Boettcherisca* Rohdendorf, 1937

雄性额很狭，约为头宽的2/5。触角细，第三节长约为第二节的2.5倍。髭稍高于口前缘；侧颜狭，侧面观为眼高的1/3，侧颜有几行短而垂直的鬃列；颊高为眼高的1/4～1/3；口前缘突出；触角芒为细长纤毛。喙较短，前颏长为其本身高的3倍。前胸侧板中央凹陷处有黑色纤毛；后背中鬃有5个鬃位，前方3个短，后方两个长，中鬃仅小盾前1对。r_1脉裸。$2R_5$室开放。股节栉很发达。雄性第七、八腹节短，比本身高短，后缘无鬃或毛。肛尾叶后面观开裂，约占本身长的2/5，分枝部几乎平行；侧尾叶呈钝圆三角形；基阳体短于阳茎，较粗；侧阳体基部腹突通常呈弯叶状，末端有两尖端，侧阳体端部侧突细枝状或叶状，膜状突1对，有许多小棘；前阳基侧突末端形态及后轮廓因种而异，后阳基侧突前缘近端部有1或2个小毛；第五腹板有发达的刺；第九背板黑褐以至红黄色。

36. 棕尾别麻蝇 *Boettcherisca peregrine* (Robineau-Desvoidy, 1830) (附图36)

外部形态特征

体长7.0～14.0毫米。间额宽约为一侧额的3倍。触角短，第三节长为第二节的2.5倍，触角芒为细长纤毛。颊后1/3～1/2具白色毛，颊略低为眼高的1/4～1/3，侧颜狭，侧面观为眼长的1/3，并具几行柔软的较侧颜为短的垂直的短鬃列。下颚须黑色。中胸盾片具三黑色纵条，腹部棋盘状斑明显。中鬃仅小盾前一对，后背中鬃5对，前方的3对短小，后方的2对长大。前胸侧板中央凹陷处具纤毛，有时纤毛有1～2根。r_1脉裸，r_{4+5}脉第一段具小刚毛。腹部第三背板无中缘鬃。

雄性尾器特征

肛尾叶端部向前方弯曲，外侧具不很密的刺状短鬃，到末端突然变细，形成一短小的爪；侧尾叶为宽短的三角形骨板。前阳基侧突瘦长，末端扁薄；后阳基侧突基部宽，端部腹面具2根细长毛。膜状突前缘呈圆弧形，侧阳体基部腹突略呈半月形，末端有两尖端指向前方。侧阳体端部侧突叶状，末端有一缺刻。

分布

国内：除新疆、青海外的广大地区

国外：朝鲜、日本、尼泊尔、泰国、菲律宾、印度、斯里兰卡、马来西亚、印度尼西亚、伊利安、新不列颠、萨摩亚、斐济群岛、夏威夷群岛、塞舌尔群岛

37. 北方别麻蝇 *Boettcherisca septentrionalis* Rohdendorf, 1937 (附图 37)

外部形态特征

体长 13.0～16.0mm。间额宽约为一侧额的 2 倍。侧颜与侧额具银白色粉被。触角中等长，第三节长约为第二节的 2.5 倍，触角芒羽状。侧颜鬃 1 行，下段的较强大。颊毛全黑。下颚须黑色。前胸侧板中央凹陷处具纤毛。中胸盾片具三黑色纵条，腹部棋盘状斑明显。中鬃仅小盾前 1 对；后背中鬃 5 对，前方的 3 对短小，后方的 2 对长大。r_1 脉裸，r_{4+5} 脉第一段具小刚毛。腹部第三背板无中缘鬃；第七、八合腹节具细毛。

雄性尾器特征

肛尾叶侧面观宽，中部弯曲，末端的爪较长；侧尾叶为略长的三角形骨板。前阳基侧突基部宽大，末端缺口；后阳基侧突宽，与前阳基侧突等长，端部有 2 根细毛；膜状突无棘部分不明显，也不突前，有棘部分前缘直。侧阳体端部小而侧突分叉的上枝很细长，约为下枝的 2 倍。

分布

国内：辽宁、吉林

国外：日本、俄罗斯（模式产地：远东乌苏里地区）

十七、粪麻蝇属 *Bercaea* Robineau-Desvoidy, 1863

雄额宽等于一眼宽的 2/5～3/5。侧颜在触角第三节水平上，约为眼长的 1/2。触角中等长，芒长羽状。颊高约为眼高的 1/2。前胸侧板中央凹陷处裸。中鬃缺如，后背中鬃 5。雄基阳体很短，几呈方形，仅为阳茎长的 1/7～1/5；侧插器有内、外两枝。第五腹板侧叶短，后内方有一对密生鬃状毛的凸出部。侧阳体大而宽，端部很短，具细小的突起，膜状突大多为 1 对很大的前伸突出物。

38. 红尾粪麻蝇 *Bercaea cruentata* (Meigen, 1826) (附图 38)

外部形态特征

体长 7.0～14.0mm。眼后鬃 2 行，第 3 行不完整。间额宽约为一侧额的 2 倍。颊部前方的 1/2 长度内为黑色毛，后方的毛为淡色。触角第三节长为第二节的 2.5 倍。中胸盾片具三黑色纵条，腹部棋盘状斑明显。无中鬃；后背中鬃 5～6 对，愈往前鬃愈小，后方 2 对强大。前侧板中央凹陷处裸。腹侧片鬃 1：1：1。第七、八合腹节后缘鬃发达；第九背板亮红色，其背面正中有一微凹。

雄性尾器特征

肛尾叶基部后面有突起，突起的中央有一个凹槽，末端向前弯曲，变尖；侧尾叶狭长。前阳基侧突基部宽，从中部开始收窄弯曲，末端尖，腹面有1根细毛，背面有2根细毛；后阳基侧突细，端部有1根细毛。阳茎骨化强且直。膜状突骨化强，弯曲向前突出，形状与前阳基侧突相似。侧阳体端部膨大；中插器向前突出，几乎与膜状突平行，较膜状突短。

分布

国内：黑龙江、吉林、辽宁、内蒙古、河北、北京、山西、河南、山东、浙江、江苏、陕西、宁夏、甘肃、青海、新疆、湖南、四川、重庆、云南、广东、福建、西藏

国外：朝鲜、日本、蒙古、俄罗斯、欧洲（模式产地：亚享）、亚洲西南部、夏威夷、北美洲、南美洲

十八、辛麻蝇属*Seniorwhitea* Rohdendorf，1937

触角长，第三节长为第二节的2.5～3倍。额不特别宽，为眼宽的2/5～3/5。髭正好位于口前缘。侧颜狭，在触角第二节水平上约为眼长的1/3，有1行柔弱细短的黑色鬃。颊高为眼高的1/5～1/4。侧面观口前缘明显向前角形突出。触角芒在近心的半段具细长纤毛。喙短，前颏长仅为其本身高的3～4倍。前胸侧板中央凹陷处裸。中鬃0+1；后背中鬃5个鬃位，前背中鬃3。r_1脉裸，$2R_5$室开放。股节栉很发达。雄性第四腹板在其后半被有密而长的黑色刚毛，第五腹板侧叶内后缘有一密生短刺的突出部分；第七、八合腹节侧面观的长度略比其高度长，不膨隆，几乎是圆筒形，后缘无鬃；第九背板向后突起，侧面观几乎方形。肛尾叶端部裂开段短，分枝部的基部后方常向前凹，分枝部的端部常前屈，末端尖，在近端部的后侧常有1簇相当长的突立毛。侧尾叶近于三角形，有时略长。基阳体中等长，其长约为中段横径的4倍。阳茎巨大，长约为基阳体的2倍，膜状突小，具成对的骨化刺状突，侧阳体具无骨化很强的支架骨片，略透明，对称或不对称；其基部与端部界限不清，基部腹突呈片状，边缘常具突起，上方的1对常呈钩状，有时内方尚有1对颏状突起。侧阳体端部大，主体为被膜状，围裹着侧突，有时在基部和端部之间的后面有1泡状膜；侧突末端分枝常不规则，侧插器直，呈尖头锯条状或钝头的棒状，通常指向前方。前阳基侧突有时呈基部的三角形，有时细长；后阳基侧突细长，鬃不止1根，多在近端。雌性第六背板骨化完整。

39. 拟东方辛麻蝇 *Seniorwhitea reciproca* (Walker, 1856) (附图 39)

外部形态特征

体长 6.5～16.5mm。间额约和一侧额等宽。触角长，第三节长约为第二节的 3 倍。侧颜具 1 行细毛，下段的较长。侧面观口前缘明显向前角形突出。颊毛大部分黑色，仅在沿颊后头沟的前方有少数白毛。下颚须黑色。前胸侧板中央凹陷裸。中鬃 0+1；后背中鬃 5 个鬃位，越往盾沟越弱；前背中鬃 3 对。r_1 脉裸，$2R_5$ 室开放。腹部第三背板无中缘鬃；第四腹板在其后半被有密而长的黑色刚毛；第五腹板侧叶内后缘有一密生短刺的突出部分；第七、八合腹节侧面观的长度略比其高度长，不膨隆，几乎是圆筒形，后缘无鬃；第九背板向后突起，侧面观几乎方形。

雄性尾器特征

肛尾叶侧面观尖细，末端缓缓向前弯曲，在弯曲出的后方有 1 簇相当长的突立的刚毛；侧尾叶狭长，端部宽。阳茎不对称，侧阳体基部腹突为宽大的轮廓不对称的瓣片，在后者基方有一钩状突，内壁有一细长的须状突。膜状突骨化，上方有 2 对短突，下方有 1 对较细长的突起，隐于侧阳体基部腹突之间。侧阳体端部肥大，主体为一柔软的囊状体，上多皱襞，其侧突发达，具不规则的鹿角状的多分叉，骨化强。侧插器很像一对尖头的手锯条，几乎整个长度都有逆齿。

分布

国内：山东、河南、陕西、江苏、上海、浙江、湖北、四川、福建、台湾、广东、海南、云南、安徽、广西

国外：泰国、缅甸、马来西亚、印度、斯里兰卡、新加坡（模式产地）、尼泊尔

十九、钩麻蝇属 *Harpagophalla* Rohdendorf, 1937

触角中等长，第三节长约为第二节的 2.5 倍；额狭，约为眼宽的 1/2；眼内缘明显向两侧背离。鬃正好位于口前缘。侧颜狭，侧颜鬃细而柔。前胸侧板中央凹陷裸。r_1 脉裸，$2R_5$ 室开放。后背中鬃 5 个鬃位，后方的 2 个长大。股节栉缺如。肛尾叶细长，末端呈钩状，后表面在近端部有簇鬃；侧尾叶为一大的等腰三角形骨板；阳茎膜状突 1 对；侧阳体基部腹突长大，有 1 对须状突，侧阳体端部柔软，侧突细长，无中央突。雄性第四腹板有致密的刚毛群；第五腹板侧叶后内方有上生短刺的角状突出部分；雌性第六背板中断。

40. 曲突钩麻蝇 *Harpagophalla kempi* (Senior-White, 1924) (附图40)

外部形态特征

体长5.0～11.0mm。间额比一侧额略宽。触角长，第三节长约为第二节的3倍，触角芒羽状。侧颜在下段有一行细毛。前胸侧板中央凹陷裸。中鬃0+1，后背中鬃5对，后方的2个长大。r_1脉裸，$2R_5$室开放。腹部第三背板无中缘鬃。

雄性尾器特征

肛尾叶细长，末端呈钩状，后表面在近端部有簇鬃；侧尾叶为一大的等腰三角形骨板。前阳基侧突直，背面有1排很细的毛；后阳基侧突末端尖，基部有1根细毛。阳茎膜状突1对骨化向上弯曲的钩。侧阳体基部腹突长大，呈片状，末端尖，向上方弯曲；在腹突上缘基部有2个齿状小突。侧插器细长如丝。侧阳体端部侧突细长而单纯，交叉向前伸展。

分布

国内：江西、福建、海南、云南、广东

国外：泰国、印度、老挝、斯里兰卡（模式产地：马特莱）、缅甸、印度尼西亚（爪哇）、新几内亚岛

二十、曲麻蝇属 *Phallocheira* Rohdendorf, 1937

触角第三节长约为第二节的2倍。雄性侧颜宽约为眼长的1/3，颊高不及眼高的1/3；前中鬃缺如；后背中鬃5～6。后胫无缨毛。腹部第三背板无中缘鬃；第二至第四腹板具长毛；第五腹板基部宽短，两侧叶长而平行，在基部远离，窗大而横宽。阳茎卷成拳状，侧阳体端部自基部向两侧分离；而侧突发达，侧插器短小。

41. 小曲麻蝇 *Phallocheira minor* Rohdendorf, 1937 (附图41)

外部形态特征

体长7.5～8.5mm。外顶鬃明显。额宽约为一眼宽，间额略宽于一侧额。下眶鬃8～9。触角短，第三节长约为第二节的2倍，触角芒羽状。侧颜鬃细，下段的鬃较强大。颊毛全黑，颊后头沟后的毛黄色，眼后鬃3行，后2行不整齐。下颚须黑色。前胸侧板中央凹陷裸。中鬃0+1，后背中鬃4对。r_1脉裸，$2R_5$室开放，前缘脉第三段与第五段等长。腋瓣白色。中股和后股基部腹面具缨毛，后胫无缨毛。腹部第三背板无中缘鬃。

雄性尾器特征

肛尾叶侧面观宽直，末端具爪；侧尾叶宽，端部圆。前阳基侧突端部变宽，具膜状突起；后阳基侧突末端具爪，腹面有1根鬃。膜状突骨化，端部膨大。侧阳体端部侧突发达，向前伸展，端部有向下的缺口。侧插器短小，直指向下，表面具小齿。

分布

国内：黑龙江、吉林、辽宁、山西、河南、湖北

国外：俄罗斯（模式产地：季格鲁伐亚）

二十一、亚麻蝇属 *Parasarcophaga* Johnston et Tiegs, 1921

雄性额中等宽，很少是狭的，为一眼宽的2/5～3/4。侧颜狭，在触角第二节的水平上为眼长的1/3～1/4，较少是宽的，为眼长的2/5，向下去适当地收缩；侧颜鬃一般为1行，较少具2～3行垂直列，最长的侧颜鬃显然比侧颜宽短，较少的是与之相等。颊高为眼高的1/3～1/2。触角中等长，较少稍长的，第三节长为第二节长的1.75～3倍。口缘适当向前突出，髭正好位于口前缘或比后者稍高；喙中等长；前额长一般为其高的4倍，较少是短的，为其高的2.5～3倍，也有的达其高的6～7倍。前胸侧板中央凹陷绝大多数种类是裸的。中鬃0+1，很少在盾沟前有不明显的鬃；后中鬃5～6，越位于前方的越小，同时鬃间距与越短，后方的鬃大形；很少是4个鬃位的，个别是3个鬃位的。r1脉裸，2R5室开放，足部的柜通常典型，由粗而短的鬃组成。腹部第三背板无中缘鬃，极少有成对的大型鬃；雄性第四腹板无稠密的刚毛；第五腹板长，具中脊，基部前半端一般狭长而前缘稍扩展，侧叶长，向两侧背离，其后端圆，内侧多刺，窗一般发达；第七、八合腹节侧面观方形，有时长，为其高的1.25～1.5倍，后缘一般无鬃，较少有略大形是刺或鬃列。肛尾叶在其端部的1/3或一半裂开，其分枝部不明显地背离。侧尾叶为一呈三角形的骨板，其端部的角稍圆而不突。阳基侧突形状多变，前阳基侧突一般细长，后阳基侧突略短而近心部宽，在近端部有1或2个刚毛；基阳体不是很巨大，等于或者短于阳茎的长度；侧阳体一般短，较少的基部很长；侧阳体端部界限明显，总是很发达，存在中央突且极少分化，侧突长，有时很深地分裂为两枝；有时侧突不发达而有发达的中央部，并由此分出成对的侧枝。阳茎膜状突常有，形状多变，通常为1对片状物，有时呈疣状，也有骨化较强的，有时2对，有时也呈花朵状，有一共同的茎而不成对。侧插器通常细长弯曲，较少是粗壮的。雌性第六背板完整，或者骨化部之间有缝，或者分离为两片。

42. 绯角亚麻蝇 *Parasarcophaga* (*Liopygia*) *ruficornis* (Fabricius, 1794) (附图42)

外部形态特征

体长10.0～14.0mm。间额宽约为一侧额的1.5倍。触角橙红色，触角短，第三节长为第二节的2倍，触角芒羽状。侧颜鬃1行，下段的较强大。下颚须棕黄色。颊毛全白或者仅在前方有几根黑毛。眼后鬃1行。前胸侧板中央凹陷裸。腹侧片鬃1：1：1，中间1根较弱。前中鬃缺如，后中鬃仅在小盾前1对，弱小；后背中鬃5～6，越往前越小，鬃间距也越短，仅最后2根发达。r₁脉裸，2R₅室开放。腹部第三背板中缘鬃缺如；第七、八合背板与第九背板棕红色。

雄性尾器特征

侧面观肛尾叶宽，末端尖细，尖细部分较长；侧尾叶为一呈三角形的骨板，其端部的角稍圆而不突。前阳基侧突基部弯曲向前，端部略直，背面有1行很细的小毛；后阳基侧突末端弯曲急剧变细，有爪，爪前有1根细毛。阳基膜状突粗短。侧阳体基部背面膜状，耳状突下面具小刺。腹突短细，膜状。侧阳体端部侧突大，向前伸展，其侧枝向后，形成一个长的倒钩。

分布

国内：台湾、广东、海南、福建

国外：日本、印度（模式产地：东部）、斯里兰卡、泰国、马来西亚、印度尼西亚、菲律宾、美国（夏威夷）、马里亚纳群岛、萨摩亚群岛、索科特拉岛、马达加斯加、巴西、非洲

43. 肥须亚麻蝇 *Parasarcophaga* (*Jantia*) *crassipalpis* (Macquart, 1838) (附图43)

外部形态特征

体长10.0～17.0mm。间额宽略小于一侧额。触角黑色，第三节长约为第二节3倍，触角芒羽状。侧颜鬃在侧颜下段的鬃毛较强大。颊部除接近眼下缘处有少数黑毛外，几乎全为白毛。下颚须黑色或灰黑色，末端肥大如短棒状。眼后鬃1行。中胸盾片具三黑色纵条，腹部棋盘状斑明显。前胸侧板中央凹陷裸，腹侧片鬃1：1：1，中间1根较弱。前中鬃缺如；后中鬃仅在小盾前1对，弱小；后背中鬃5～6，越往前越小，鬃间距也越短，仅最后2根发达。r₁脉裸，2R₅室开放。腹部第三背板中缘鬃缺如；第七、八合腹节具发达的后缘鬃。第七、八合腹节背板及第九背板红色。

雄性尾器特征

肛尾叶宽，后缘端部呈斜截状，末端尖爪略向前曲；侧尾叶为一呈三角形的骨板，其端部的角稍圆而不突。前阳基侧突背面具1行细毛；后阳基侧突末端具爪，爪前有2根细毛。膜状突短小，骨化。腹突膜状，端部向上弯曲。内侧插器骨化强，末端膜状，背面具刺。侧阳体端部侧突细长，向前伸展，末端膨大。

分布

国内：黑龙江、吉林、辽宁、内蒙古、河北、山东、山西、河南、陕西、宁夏、甘肃、新疆、青海、江苏、浙江、江西、湖北、湖南、四川、重庆、西藏、福建、安徽

国外：朝鲜、日本、蒙古、俄罗斯、地中海地区、欧洲、家那利群岛（模式产地）、南非洲、大洋洲部分地区、北美、南美部分地区

44. 酱亚麻蝇 *Parasarcophaga* (*Liosarcophaga*) *dux* (Thomson, 1868)（附图44）

外部形态特征

体长 10.0～14.0mm。间额宽约为一侧额的2倍。触角黑色，第三节长为第二节2～3倍，触角芒羽状。侧颜鬃在侧颜下段的鬃毛较强大。颊部白色毛约占颊长后方的2/3。下颚须黑色。眼后鬃1行。中胸盾片三黑色纵条和腹部棋盘状斑明显。前胸侧板中央凹陷裸，腹侧片鬃1:1:1，中间1根较弱。前中鬃缺如，后中鬃仅在小盾前1对，弱小；后背中鬃5～6，越往前越小，鬃间距也越短，仅最后2根发达。r_1 脉裸，$2R_5$ 室开放。中足胫节无长毛。腹部第三背板中缘鬃缺如；第九背板黑色、棕色或仅少数呈红色。

雄性尾器特征

肛尾叶除近端部的前缘稍波曲外，渐向端部尖削，微向前弯、末端尖；侧尾叶为一呈三角形的骨板，其端部的角稍圆而不突。前阳基侧突略直，末端具爪；后阳基侧突弯曲，末端尖，腹面有2根细长毛。阳茎膜状突端部呈斜截状，骨化边缘不整齐，末端有尖细的突。腹突膜状，末端有尖细的突。侧阳体端部中央突短小；侧阳体端部侧突侧突分叉，上枝与下枝约等长。内侧插器腹面有短刺。

分布

国内：黑龙江、吉林、辽宁、内蒙古、河北、天津、北京、山东、河南、宁夏、甘肃、安徽、江苏、浙江、湖北、湖南、四川、重庆、福建、台湾、江西、广东、广西、云南、海南

国外：朝鲜、日本、泰国、缅甸、印度、斯里兰卡、菲律宾、夏威夷（模式产地）、

关岛、澳大利亚、巴布亚新几内亚、萨摩亚

45. 黄须亚麻蝇 *Parasarcophaga* (s.str.) *misera* (Walker, 1849) (附图 45)

外部形态特征

体长8.5～13.0mm。间额宽约为一侧额的2倍。触角短，触角第三节长约为第二节的2倍，触角芒羽状。侧颜鬃为分布不规则的细毛。颊毛全白或者仅在前方有几根黑毛。下颚须大部分黄色，或端部呈很明显的黄色。眼后鬃1行。前胸侧板中央凹陷裸，腹侧片鬃1：1：1，中间1根较弱。前中鬃缺如；后中鬃仅在小盾前1对，弱小；后背中鬃5～6，越往前越小，鬃间距也越短，仅最后2根发达。r_1脉裸，$2R_5$室开放。后足胫节仅在后腹面有长缨毛。腹部第三背板中缘鬃缺如；第九背板黑色；第五腹板侧叶间相距宽，其内缘毛很短小。

雄性尾器特征

肛尾叶侧面观后缘有一钝角形的向后突起，末端具爪；侧尾叶为一呈三角形的骨板，其端部的角稍圆而不突。前阳基侧突细长、直，末端弯曲不具爪；后阳基侧突直，末端具爪，腹部有2根细毛。膜状突长大，花朵状。腹突细短。侧阳体端部侧突短，不分叉，向上弯曲，末端膜状。

分布

国内：吉林、辽宁、河北、山东、河南、陕西、江苏、安徽、湖北、四川、重庆、江西、浙江、福建、台湾、广东、广西、云南、海南

国外：朝鲜、日本、缅甸、印度、斯里兰卡、菲律宾、澳洲（模式产地：New Holland）

46. 褐须亚麻蝇 *Parasarcophaga* (s.str.) *sericea* (Walker, 1852) (附图 46)

外部形态特征

体长8.0～13.0mm。间额宽约为一侧额的2倍。触角黑色，第三节长约为第二节的2倍，触角芒羽状。侧颜鬃在侧颜下段的鬃毛较强大。颊部白色毛约占颊长后方的2/3。下颚须仅端部黄色或者仅在端部有黄色粉被。眼后鬃1行。前胸侧板中央凹陷裸，腹侧片鬃1：1：1，中间1根较弱。前中鬃缺如；后中鬃仅在小盾前1对，弱小；后背中鬃5～6，越往前越小，鬃间距也越短，仅最后2根发达。r_1脉裸，$2R_5$室开放。后足胫节在前腹面和后腹面有长缨毛。腹腹部第三背板中缘鬃缺如；第九背板黑色；第五腹板侧叶较接近，其内缘毛较长。

雄性尾器特征

肛尾叶后缘波曲，但无钝角形突起，末端具爪；尾叶为一呈三角形的骨板，其端部的角稍圆而不突。前阳基侧突中间宽大，末端变细弯曲，爪状；后阳基侧突基部宽，末端变细，具爪，爪前有1根鬃毛。阳茎骨化弱，膜状突短，花朵状，上部短。侧阳体端部侧突长，向前超过基部腹突。

分布

国内：吉林、辽宁、内蒙古、河北、陕西、山东、河南、甘肃、江苏、江西、湖北、浙江、四川、福建、台湾、广东、广西、云南、海南

国外：朝鲜、俄罗斯、印度（模式产地）、斯里兰卡、缅甸、马来西亚、印度尼西亚、菲律宾、巴布亚新几内亚、澳大利亚

47. 埃及亚麻蝇 *Parasarcophaga* (*Liosarcophaga*) *aegyptica* (Salem, 1935) (附图47)

外部形态特征

体长8.0~14.0mm。间额宽约为一侧额的2.5倍。触角黑色，第三节长约为第二节的2.5倍，触角芒羽状。侧颜鬃在侧颜下段的较强大。颊毛仅在近颊后头沟处有极少数白毛。下颚须黑色。眼后鬃常有完整或不完整的第3行。前胸侧板中央凹陷裸，腹侧片鬃1:1:1，中间1根较弱。前中鬃缺如；后中鬃仅在小盾前1对，弱小；后背中鬃5~6，越往前越小，鬃间距也越短，仅最后2根发达。r_1脉裸，$2R_5$室开放。后足胫节前腹面的毛末端直，不是典型的缨毛。腹部第三背板中缘鬃缺如；第九背板棕红色或者黑色。

雄性尾器特征

肛尾叶末端波曲，具爪；侧尾叶为一呈三角形的骨板，其端部的角稍圆而不突。前阳基侧突基部腹面稍微突起；后阳基侧突宽短，末端腹面有1根细毛。阳茎膜状突狭不骨化，末端呈斜切截状。侧阳体基部腹突狭而末端尖，下缘单纯；侧阳体端部侧突末端圆钝且不分叉；侧阳体端部中央突稍长，末端膜状。

分布

国内：甘肃、宁夏、新疆、内蒙古

国外：苏联、匈牙利、小亚细亚半岛、非洲北部（模式产地：埃及）

48. 蝗尸亚麻蝇 *Parasarcophaga* (*Liosarcophaga*) *jacobsoni* Rohdendorf, 1937 (附图48)

外部形态特征

体长8.0~16.0mm。间额宽约为一侧额的2倍。触角黑色，第三节长约为第二节的2倍，触角芒羽状。侧颜鬃在侧颜下段的鬃毛较强大。颊毛仅在近颊后头沟处有极少数白毛。下颚须黑色。眼后鬃2行。前胸侧板中央凹陷裸，腹侧片鬃1∶1∶1，中间1根较弱。前中鬃缺如；后中鬃仅在小盾前1对，弱小；后背中鬃5~6，越往前越小，鬃间距也越短，仅最后2根发达。r_1脉裸，2R_5室开放。后足胫节前腹面的毛末端直，为典型的缨毛。腹部第三背板中缘鬃缺如；第九背板棕红色。

雄性尾器特征

肛尾叶稍向前弯曲，末端具爪；侧尾叶为一呈三角形的骨板，其端部的角稍圆而不突。前阳基侧突末端向前弯曲，端部圆钝；后阳基侧突末端尖，腹面有2根长的细毛。阳茎膜状突端部略骨化，末端尖或圆钝。侧阳体基部腹突宽，下缘有一小齿突；侧阳体端部中央突具小爪，侧突末端有短的分叉。侧插器腹面有小刺。

分布

国内：黑龙江、吉林、辽宁、内蒙古、河北、北京、陕西、山东、宁夏、甘肃、青海、新疆、西藏

国外：俄罗斯（模式产地：高加索）、亚洲中部、伊朗、保加利亚

49. 白头亚麻蝇 *Parasarcophaga* (s.str.) *albiceps* (Meigen, 1826) (附图49)

外部形态特征

体长7.0~16.0mm。间额宽约为一侧额的2.5倍。触角黑色，第三节长约为第二节的2倍，触角芒羽状。侧颜鬃在侧颜下段的鬃毛较强大。颊部白色毛约占颊长后方的2/3。下颚须黑色。眼后鬃常有完整或不完整的第3行。前胸侧板中央凹陷裸，腹侧片鬃1∶1∶1，中间1根较弱。前中鬃缺如；后中鬃仅在小盾前1对，弱小；后背中鬃5~6，越往前越小，鬃间距也越短，仅最后2根发达。r_1脉裸，2R_5室开放。中足胫节无长毛，中足股节后腹面的缨毛长度显然超过这一股节的最大横径。腹部第三背板中缘鬃缺如；第九背板黑色。

雄性尾器特征

肛尾叶稍微波曲，末端具爪；尾叶为一呈三角形的骨板，其端部的角稍圆而不突。

前阳基侧突长而末端圆钝；后阳基侧突基部宽，末端不具爪。阳茎骨化不强；膜状突大型，花朵状，上枝细长弯曲、下枝宽短。腹突膜状，波曲，向末端变细。侧阳体端部侧突长，向前超过了侧阳体基部腹突。

分布

国内：河北、天津、山西、内蒙古、辽宁、吉林、黑龙江、江苏、浙江、福建、台湾、江西、山东、河南、湖北、湖南、广东、广西、海南、四川、重庆、贵州、云南、西藏、陕西、甘肃、宁夏、安徽

国外：朝鲜、日本、缅甸、印度、巴基斯坦、斯里兰卡、越南、菲律宾、印度尼西亚、巴布亚新几内亚、所罗门群岛、澳大利亚、俄罗斯、欧洲

50. 短角亚麻蝇 *Parasarcophaga*(*Liosarcophaga*) *brevicornis* (Ho, 1934) (附图50)

外部形态特征

8.0~15.0mm。间额宽约为一侧额的2.5倍。触角黑色，第三节长约为第二节的2倍，触角芒羽状。侧颜鬃在侧颜下段的鬃毛较强大。颊部白色毛的部分一般不超过后方的1/2。下颚须黑色。眼后鬃2行，常有不完整的第3行。前胸侧板中央凹陷裸，腹侧片鬃1:1:1，中间1根较弱。前中鬃缺如；后中鬃仅在小盾前1对，弱小；后背中鬃5~6，越往前越小，鬃间距也越短，仅最后2根发达。r_1脉裸，$2R_5$室开放。中足胫节无长毛，中足股节后腹面的缨毛长度略等于这一股节的最大横径。腹部第三背板中缘鬃缺如；第九背板黑色。

雄性尾器特征

肛尾叶到端部急剧变狭，形成一爪；侧尾叶为一呈三角形的骨板，其端部的角稍圆而不突。前阳基侧突短，末端具爪；后阳基侧突宽，末端尖，在腹面的末端有2根细毛。阳茎膜状突短，膜质，中有一狭的骨化带延伸到下方的尖齿突状。侧阳体基部腹突透明。侧阳体端部中央突不发达，侧阳体短而略宽，侧阳体端部侧突分支很短。

分布

国内：辽宁、河北、天津、北京(模式产地)、山东、河南、江苏、安徽、湖北、四川、浙江、福建、江西、广东、广西、云南、海南

国外：朝鲜、日本、泰国、缅甸、马来西亚、澳大利亚、俄罗斯

51. 巨耳亚麻蝇 *Parasarcophaga* (s.str.) *macroauriculata* (Ho, 1932) (附图 51)

外部形态特征

体长 8.5 ~ 15.0mm。间额宽约为一侧额的 3 倍。触角黑色，第三节长约为第二节的 2 倍，触角芒羽状。侧颜鬃较多，在侧颜下段的鬃毛较强大。颊部白色毛的部分一般不超过后方的 1/2。颊高等于或大于眼高的 1/2。下颚须黑色。眼后鬃 4 行，后 2 行不完整。前胸侧板中央凹陷裸，腹侧片鬃 1:1:1，中间 1 根较弱。前中鬃缺如，后中鬃仅在小盾前 1 对，弱小；后背中鬃 5 ~ 6，越往前越小，鬃间距也越短，仅最后 2 根发达。r_1 脉裸，$2R_5$ 室开放。后足转节腹面粉被弱，中部有相当密的长毛被，毛被约占这一节长的 3/5，多数毛的长度约与这一节的横径等长。腹部第三背板中缘鬃缺如；第九背板黑色。

雄性尾器特征

肛尾叶前缘有一具短刺的巨大突出部分；侧尾叶为一呈三角形的骨板，其端部的角稍圆而不突。前阳基侧突不比后阳基侧突长，前阳基侧突背面末端有 1 根细毛；后阳基侧突末端具爪，腹面端部有 2 根细毛。膜状突不大，花朵状，分上下两枝。侧阳体基部后侧有一对明显的耳状突；侧阳体端部侧突的长度超过侧阳体基部腹突。

分布

国内：黑龙江、吉林、辽宁、河北、北京（模式产地）、河南、宁夏、甘肃、陕西、四川、江西、浙江、福建、贵州、云南、西藏

国外：朝鲜、俄罗斯

52. 秉氏亚麻蝇 *Parasarcophaga* (*Pandelleisca*) *pingi* (Ho, 1934) (附图 52)

外部形态特征

体长 5.0 ~ 8.0mm。间额宽约为一侧额的 2 倍。触角黑色，第三节长约为第二节的 2 倍，触角芒羽状。侧颜鬃在侧颜下段的鬃毛较强大。颊毛全黑。下颚须黑色。眼后鬃 3 行。前胸侧板中央凹陷裸，腹侧片鬃 1:1:1，中间 1 根较弱。前中鬃缺如，后中鬃仅在小盾前 1 对，弱小；后背中鬃 5 ~ 6，越往前越小，鬃间距也越短，仅最后 2 根发达。r_1 脉裸，$2R_5$ 室开放。后足胫节无长缨毛，后足转节腹面无长端鬃。腹部第三背板中缘鬃缺如；第九背板黑色；第五腹板窗面明显，前方无鬃。

雄性尾器特征

肛尾叶稍向前弯曲，末端的爪较长；侧尾叶为一呈三角形的骨板，其端部的角稍

圆而不突。前阳基侧突后缘骨质强，腹面为一宽的薄片，宛如一单面剃刀片；后阳基侧突腹面波曲，有1根细毛。腹面阳茎膜状突2对，末端都尖。侧阳体端部侧突曲而细，中央突稍长，宽大。

分布

国内：吉林、辽宁、河北、北京（模式产地）、河南、陕西、宁夏、甘肃、四川、江苏、上海、安徽、湖北、浙江、福建、江西、广西

国外：朝鲜、俄罗斯等地

53. 兴隆亚麻蝇 *Parasarcophaga (Curranea) hinglungensis* Fan, 1964 (附图53)

外部形态特征

体长8.0～12.0mm。间额宽约为一侧额的2.5倍。触角黑色，第三节长约为第二节的2.5倍，触角芒羽状。侧颜鬃在侧颜下段的鬃毛较强大。颊毛全黑。下颚须黑色。眼后鬃3行。颊后头沟的后方全为白毛。前胸侧板中央凹陷裸，腹侧片鬃1：1：1，中间1根较弱。前中鬃缺如；后中鬃仅在小盾前1对，弱小；后背中鬃5～6，越往前越小，鬃间距也越短，仅最后2根发达。r_1脉裸，$2R_5$室开放，沿翅脉微带淡棕色晕。后足胫节无长缨毛，后足转节腹面有一长端鬃。腹部第三背板中缘鬃缺如；第九背板黑色；第五腹板窗面狭小，几乎全为侧缘延伸过来的鬃毛群所占。

雄性尾器特征

肛尾叶缓缓地向前弯曲，同时均匀的向端部变狭，末端尖；侧尾叶为一呈三角形的骨板，其端部的角稍圆而不突。前阳基侧突短，末端尖；后阳基侧突端部宽，末端腹面有2根细毛。阳茎膜状突1对，大部膜质，略宽，膜的缘上下褶曲，末端宽，腹侧有1齿状突。侧阳体基部腹突简单，侧插器比它长。侧阳体端部主体部短，侧枝向下弯曲，长度约为主体的2.5倍，并有1芽状小分支。

分布

国内：湖北、浙江、海南（模式产地：兴隆）

国外：未知

54. 义乌亚麻蝇 *Parasarcophaga (Curranea) iwuensis* (Ho, 1934) (附图54)

外部形态特征

体长7.5～14.0mm。间额宽约为一侧额的2倍。触角黑色，第三节长约为第二节的2.5倍，触角芒羽状。侧颜鬃在侧颜下段的鬃毛较强大。颊毛全黑。下颚须黑色。眼

后鬃3行。颊后头沟的后方全为白毛。前胸侧板中央凹陷裸，腹侧片鬃1：1：1，中间1根较弱。前中鬃缺如；后中鬃仅在小盾前1对，弱小；后背中鬃5~6，越往前越小，鬃间距也越短，仅最后2根发达。r_1脉裸，$2R_5$室开放。后足胫节无长缨毛。腹部第三背板中缘鬃缺如；第九背板黑色；第五腹板窗面较大，在窗的前方有短小的鬃，有时鬃数很少。

雄性尾器特征

肛尾叶稍微向前弯曲，同时向端部匀称地变狭，末端尖；侧尾叶为一呈三角形的骨板，其端部的角稍圆而不突。前阳基侧突较短，末端尖；后阳基侧突基部宽，末端腹面有1根细毛。阳茎膜状突1对，大部为膜质，直指前方，末端圆，在膜侧有一爪状突。侧阳体基部长几乎为阳茎的2倍。腹突叶状，侧插器与其长度相仿。侧阳体端部主体长而宽，侧叶单纯，长只及主体的3/5。

分布

国内：江苏、浙江（模式产地：义乌）、四川、福建、广东、广西、云南、海南

国外：泰国

55. 叉形亚麻蝇 *Parasarcophaga (Curranea) scopariiformis* (Senior-White, 1927) (附图55)

外部形态特征

体长12.0~16.0mm。间额宽约为一侧额的1.5倍。触角黑色，第三节长约为第二节的3倍，触角芒羽状。侧颜鬃在侧颜下段的鬃毛较强大。颊毛全黑。下颚须黑色。眼后鬃3行。颊后头沟的后方全为白毛。前胸侧板中央凹陷裸，腹侧片鬃1：1：1，中间1根较弱。前中鬃缺如；后中鬃仅在小盾前1对，弱小；后背中鬃5~6，越往前越小，鬃间距也越短，仅最后2根发达。r_1脉裸，$2R_5$室开放。后足胫节无长缨毛。腹部第三背板中缘鬃缺如；第九背板黑色有时是红棕色；第五腹板窗面较大，密生鬃毛，几乎布满窗的全部。

雄性尾器特征

肛尾叶末端尖，但在亚端部弯曲略急；侧尾叶为一呈三角形的骨板，其端部的角稍圆而不突。前阳基侧突末端的爪短，背面有一排细毛；后阳基侧突基部宽，末端尖，末端腹面有1根细长毛。阳茎膜状突长而末端尖。侧阳体基部与基阳体略等长。腹突叶状。侧插器短。侧阳体端部主体极短，无中央突；侧阳体端部侧突内方有1对小形

的齿状突，侧突长而呈"乙"字形弯曲，其中段上方有长的与末端平行的小分枝。

分布

国内：河北、浙江、福建、广东、广西、安徽、海南

国外：泰国、越南、老挝、斯里兰卡（模式产地）

56. 巨亚麻蝇 *Parasarcophaga* (*Rosellea*) *gigas* (Thomas, 1949) (附图56)

外部形态特征

体长13.0~17.0mm。间额宽约为一侧额的2倍。触角黑色，第三节长约为第二节的2.5倍，触角芒羽状。侧颜具1行细毛。颊毛全黑。下颚须黑色。眼后鬃3行。颊后头沟的后方全为白毛。前胸侧板中央凹陷裸，腹侧片鬃1：1：1，中间1根较弱。前中鬃缺如；后中鬃仅在小盾前1对，弱小；后背中鬃5~6，越往前越小，鬃间距也越短，仅最后2根发达。r_1脉裸，$2R_5$室开放。后足胫节具长缨毛。腹部第三背板中缘鬃缺如；第九背板黑色；第五腹板基部呈圆穹状拱起，窗面与体纵轴垂直。

雄性尾器特征

肛尾叶端部1/3斜向前曲；侧尾叶为一呈三角形的骨板，其端部的角稍圆而不突。前阳基侧突稍弯曲，末端尖；后阳基侧突略直，末端腹面有2根细毛。阳茎膜状突2对，基部1对骨化强而大，成叉形，端部1对亦骨化，较前者略短，末端也分叉。侧阳体基部腹突小；侧阳体端部为一宽大的片，向前方呈球面弯曲，两侧各有一缺口，末端正中央有一凹陷。

分布

国内：辽宁、河南、江苏、湖北、浙江、四川、重庆（模式产地：歌乐山）

国外：朝鲜

57. 拟对岛亚麻蝇 *Parasarcophaga* (*Kanoisca*) *kanoi* (Park, 1962) (附图57)

外部形态特征

体长7.5~15.0mm。间额宽约为一侧额的2倍。触角黑色，第三节长约为第二节的2.5倍，触角芒羽状。侧颜鬃在侧颜下段的鬃毛较强大。颊毛全黑。下颚须黑色。眼后鬃3行。颊后头沟的后方全为白毛。前胸侧板中央凹陷裸，腹侧片鬃1：1：1。前中鬃缺如；后中鬃仅在小盾前1对，弱小；后背中鬃5~6，越往前越小，鬃间距也越短，仅最后2根发达。r_1脉裸，$2R_5$室开放。前缘脉第三段与第五段等长。后足胫节具长缨毛。腹部第三至第五各背板的近中部前缘的暗色斑和同一节两侧的后缘暗色斑相互通

连。腹部第三背板中缘鬃缺如；第九背板黑色；第五腹板基部不呈圆穹状拱起，窗面与体纵轴平行或略倾斜。

雄性尾器特征

肛尾叶略直，近末端稍向前弯；侧尾叶为一呈三角形的骨板，其端部的角稍圆而不突。前阳基侧突近端部有一齿状突起，末端尖；后阳基侧突端部腹面有2根细毛，末端尖。阳茎膜状突2对，外侧1对膜质，内方1对略骨化。侧阳体基部腹突短小；侧阳体端部骨化不强，长度几乎和基部相等；中央突板状，末端较平，正中有一小尖突；侧突长而下屈，基部向外扩展成板状。

分布

国内：黑龙江、吉林、辽宁、河北、山东、河南、陕西、宁夏、甘肃、四川、江苏、湖北、江西、浙江、安徽

国外：朝鲜（模式产地：大邱）、俄罗斯（远东部分，东至乌苏里边境，西至阿尔泰边境）

58. 胡氏亚麻蝇 *Parasarcophaga* (*Liosarcophaga*) *hui* (Ho, 1936) (附图58)

外部形态特征

体长7.5~13.0mm。间额约与一侧额等宽。触角黑色，第三节长约为第二节的2.5倍，触角芒羽状。侧颜鬃为1行细毛。颊毛全黑。下颚须黑色。眼后鬃3行。颊后头沟的后方全为白毛。前胸侧板中央凹陷裸吗，腹侧片鬃1:1:1，中间1根较弱。前中鬃缺如；后中鬃仅在小盾前1对，弱小；后背中鬃5~6，越往前越小，鬃间距也越短，仅最后2根发达。r_1脉裸，$2R_5$室开放，前缘脉第三段与第五段等长。后足胫节具长缨毛。腹部第三至第五各背板的近中部前缘的暗色斑和同一节两侧的后缘暗色斑不通连。腹部第三背板中缘鬃缺如；第九背板黑色；第五腹板基部不呈圆穹状拱起，窗面与体纵轴平行或略倾斜。

雄性尾器特征

肛尾叶近端部变膨大，末端尖；侧尾叶为一呈三角形的骨板，其端部的角稍圆而不突。前阳基侧突波曲，末端尖；后阳基侧突末端尖，腹面有2根细毛。膜状突1对，其基部的宽度大于前阳基侧突中段的宽度，有2分枝，分枝的末端不特别细。腹突膜状，稍短于侧插器。侧阳体端部侧突细而曲，骨化，末端圆钝。侧阳体端部中央突宽短，末端有一细的膜状钩。

分布

国内：海南（模式产地）、广西、云南

国外：未知

59. 多突亚麻蝇 *Parasarcophaga (Pandelleisca) polystylata* (Ho, 1934) (附图59)

外部形态特征

体长7.0～12.0mm。间额宽约为一侧额2倍。触角黑色，第三节长约为第二节的2.5倍，触角芒羽状。侧颜鬃为1行细毛。颊毛全黑。下颚须黑色。眼后鬃3行。颊后头沟的后方全为白毛。前胸侧板中央凹陷裸，腹侧片鬃1：1：1，中间1根较弱。前中鬃缺如；后中鬃仅在小盾前1对，弱小；后背中鬃5～6，越往前越小，鬃间距也越短，仅最后2根发达。r_1脉裸，$2R_5$室开放。前缘脉第三段与第五段等长。后足胫节具长缨毛，后足转节近基部超过1/2的长度内有短鬃斑，紧接着向端部靠前为细长刚毛，靠后方则裸，近基部后腹面有1簇细长毛。腹部第三至第五各背板的近中部前缘的暗色斑和同一节两侧的后缘暗色斑不通连。腹部第三背板中缘鬃缺如；第九背板黑色；第五腹板基部不呈圆穹状拱起，窗面与体纵轴平行或略倾斜。

雄性尾器特征

肛尾叶直，末端向前弯曲；侧尾叶为一呈三角形的骨板，其端部的角稍圆而不突。前阳基侧突末端急剧向前弯曲，几乎成直角；后阳基侧突末端尖，腹面有2根细毛。阳茎膜状突基部宽度小于前阳基侧突中段的宽度，其分枝末端特别纤细：一分枝短，出自中部外侧；另一长的分枝位于端部，末端向上弯曲，此外在正中尚有一不成对的小的刺突状。侧阳体端部侧突显然比中央突为长，越向端部越尖细；中央突除有尖而狭长的正中小突外，还有三角形的侧小突。侧插器细长而略尖。整个阳茎在前方有多数末端尖的突出物。

分布

国内：黑龙江、吉林、辽宁、河北、北京（模式产地）、山东、河南、陕西、江苏、浙江、四川、广西、福建

国外：朝鲜、日本、俄罗斯

60. 结节亚麻蝇 *Parasarcophaga (Liosarcophaga) tuberosa* (Pandelle, 1896) (附图60)

外部形态特征

体长7.5～15.0mm。间额宽约为一侧额2倍。触角黑色，第三节长约为第二节的2

倍，触角芒羽状。侧颜鬃在侧颜下段的鬃毛较强大。颊毛全黑。下颚须黑色。眼后鬃3行。颊后头沟的后方全为白毛。前胸侧板中央凹陷裸，腹侧片鬃1:1:1，中间1根较弱。前中鬃缺如；后中鬃仅在小盾前1对，弱小；后背中鬃5~6，越往前越小，鬃间距也越短，仅最后2根发达。r_1脉裸，$2R_5$室开放，前缘脉第三段比第五段长。后足胫节具长缨毛。腹部第三至第五各背板的近中部前缘的暗色斑和同一节两侧的后缘暗色斑不通连。腹部第三背板中缘鬃缺如；第九背板黑色；第五腹板基部不呈圆穹状拱起，窗面与体纵轴平行或略倾斜。

雄性尾器特征

肛尾叶端部波曲而渐收细，到末端形成一长爪；侧尾叶为一呈三角形的骨板，其端部的角稍圆而不突。前阳基侧突端部向前弯曲，背面有1排很细的细毛；后阳基侧突基部特别宽，端部向前弯曲，腹面有2根细长毛。阳茎膜状突上下缘几乎平行。侧阳体基部腹突显然比膜状突短，其长约为宽的1.5倍，前缘与下缘相交的较几乎为直角；侧阳体端部中央突的长度约为侧突的1/2；侧阳体端部侧突下方分枝略短于上方分枝。

分布

国内：黑龙江、吉林、辽宁、河北、山东、河南、宁夏、新疆、湖北、江苏、广西、重庆

国外：朝鲜、日本、俄罗斯、欧洲（模式产地：法国北部）、非洲北部、北美洲

61. 贪食亚麻蝇 *Parasarcophaga (Liosarcophaga) harpax* (Pandelle, 1896) (附图61)

外部形态特征

体长10.0~15.0mm。间额宽约为一侧额2倍。触角黑色，第三节长约为第二节的2.5倍，触角芒羽状。侧颜鬃在侧颜下段的鬃毛较强大。颊毛全黑。下颚须黑色。眼后鬃3行。颊后头沟的后方全为白毛。前胸侧板中央凹陷裸，腹侧片鬃1:1:1，中间1根较弱。前中鬃缺如；后中鬃仅在小盾前1对，弱小；后背中鬃5~6，越往前越小，鬃间距也越短，仅最后2根发达。r_1脉裸，$2R_5$室开放，前缘脉第三段比第五段长。后足胫节具长缨毛。腹部第三至第五各背板的近中部前缘的暗色斑和同一节两侧的后缘暗色斑不通连。腹部第三背板中缘鬃缺如；第九背板黑色；第五腹板基部不呈圆穹状拱起，窗面与体纵轴平行或略倾斜。

雄性尾器特征

肛尾叶侧面观端部变宽，端部前、后缘都呈圆形，然后急剧收缩形成一短爪；侧尾叶为一呈三角形的骨板，其端部的角稍圆而不突。前阳基侧突长，在端部1/3处呈钝角形折曲，末端钩曲；后阳基侧突基部宽，端部弯曲向前，近端部腹面有2根细长毛。阳茎膜状突中间骨化部分波曲，骨化部上方的部分膜状卷曲。侧阳体端部侧突长而略直，侧阳体端部侧突下方分枝略短于上方分枝；侧阳体端部中央突爪状。

分布

国内：吉林、辽宁、河北、山东、宁夏、新疆、西藏

国外：朝鲜、日本、苏联、欧洲（模式产地：东普鲁士）、北美

62. 波突亚麻蝇 *Parasarcophaga* (*Liosarcophaga*) *jaroschevskyi* Rohdendorf, 1937 (附图62)

外部形态特征

体长12.5~15.0mm。间额宽约为一侧额1.5倍。触角黑色，第三节长约为第二节的2倍，触角芒羽状。侧颜鬃在侧颜下段的鬃毛较强大。颊毛全黑。下颚须黑色。眼后鬃3行。颊后头沟的后方全为白毛。前胸侧板中央凹陷裸，腹侧片鬃1：1：1，中间1根较弱。前中鬃缺如，后中鬃仅在小盾前1对，弱小；后背中鬃5~6，越往前越小，鬃间距也越短，仅最后2根发达。r_1脉裸，$2R_5$室开放。前缘脉第三段比第五段长。后足胫节具长缨毛。腹部第三至第五各背板的近中部前缘的暗色斑和同一节两侧的后缘暗色斑不通连。腹部第三背板中缘鬃缺如；第九背板黑色有时棕红色；第五腹板基部不呈圆穹状拱起，窗面与体纵轴平行或略倾斜。

雄性尾器特征

肛尾叶侧面观端部变狭，末端急剧收缩，形成短而明显的爪；侧尾叶为一呈三角形的骨板，其端部的角稍圆而不突。前阳基侧突前腹面波曲，末端尖；后阳基侧突宽，近端部腹面有2根细长毛。阳茎膜状突角形，不再分为两叶，中间骨化部分细长。侧阳体基部腹突极宽；侧阳体端部侧突弧形略向下弯曲，下方小分枝为上方小分枝的1/3长；侧阳体端部中央突爪状。

分布

国内：吉林、辽宁、河北、山东、河南、陕西、宁夏、内蒙古、浙江

国外：俄罗斯远东地区（模式产地：乌苏里）

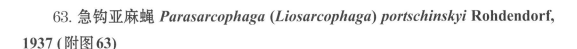

63. 急钩亚麻蝇 *Parasarcophaga* (*Liosarcophaga*) *portschinskyi* Rohdendorf, 1937 (附图63)

外部形态特征

体长8.0～15.0mm。间额宽约为一侧额2倍。触角黑色，第三节长约为第二节的2倍，触角芒羽状。侧颜鬃在侧颜下段的鬃毛较强大。颊毛全黑。下颚须黑色。眼后鬃2行。颊后头沟的后方全为白毛。前胸侧板中央凹陷裸，腹侧片鬃1:1:1。前中鬃缺如；后中鬃仅在小盾前1对，弱小；后背中鬃5～6，越往前越小，鬃间距也越短，仅最后2根发达。r₁脉裸，2R₅室开放，前缘脉第三段比第五段长。后足胫节具长缨毛。腹部第三至第五各背板的近中部前缘的暗色斑和同一节两侧的后缘暗色斑不通连。腹部第三背板中缘鬃缺如；第九背板通常呈红色以至黑褐色；第五腹板侧叶端部仅有一般的不长的细毛。

雄性尾器特征

肛尾叶端部渐变狭，但末端爪稍细而略显；侧尾叶为一呈三角形的骨板，其端部的角稍圆而不突。前阳基侧突中段反曲，末端有很强的急剧钩曲；后阳基侧突末端尖，近端部腹面有2根细长毛。阳茎膜状突上方的膜片宽且不是很长，前缘有细尖，但常向侧方平展，因而很不明显，下方骨化部分狭长而末端尖。侧阳体端部侧突呈很轻微的"S"形弯曲，下方小分枝约为上方小分枝的1/3；中央突很短，不及侧突长的1/3；侧阳体基部腹突长，显然超过端部侧突的长度。

分布

国内：黑龙江、吉林、辽宁、内蒙古、河北、山西、山东、河南、宁夏、甘肃、陕西、新疆、青海、四川、江苏、湖北

国外：蒙古、俄罗斯、乌克兰（模式产地）

64. 野亚麻蝇 *Parasarcophaga* (*Pandelleisca*) *similis* (Meade, 1876) (附图64)

外部形态特征

体长9.0～15.0mm。间额为一侧额2～4倍宽。触角黑色，第三节长约为第二节的2倍，触角芒羽状。侧颜鬃在侧颜下段的鬃毛较强大。颊毛全黑。下颚须黑色。眼后鬃3行。颊后头沟的后方全为白毛。前胸侧板中央凹陷裸，腹侧片鬃1:1:1。前中鬃缺如；后中鬃仅在小盾前1对，弱小；后背中鬃5～6，越往前越小，鬃间距也越短，仅最后2根发达。r₁脉裸，2R₅室开放，前缘脉第三段比第五段长。后足胫节具长缨毛，后足转节整个腹面被有中等长度的鬃和刚毛，其中在近部的较长，后腹面基部一半有

长刚毛群。腹部第三至第五各背板的近中部前缘的暗色斑和同一节两侧的后缘暗色斑不通连。腹部第三背板中缘鬃缺如；第九背板黑色；第五腹板两侧叶密生短鬃。

雄性尾器特征

肛尾叶端部略向前弯曲，同时均匀地变细，形成一尖的末端；侧尾叶为一呈三角形的骨板，其端部的角稍圆而不突。前阳基侧突缓缓的弯曲，末端不成钩状；后阳基侧突端部略成直角向前弯曲，近端部腹面有2根细长毛。阳茎膜状突2对，狭尖而单纯。侧阳体端部侧突很细而末端下屈，粗细均匀；侧阳体端部中央突明显短于侧突，膜状。

分布

国内：黑龙江、吉林、辽宁、内蒙古、河北、天津、河南、山西、山东、陕西、宁夏、甘肃、江苏、浙江、湖北、江西、四川、重庆、贵州、福建、安徽、广东、广西、海南

国外：朝鲜、日本、东南亚、俄罗斯、欧洲（模式产地：德国）

65. 华北亚麻蝇 *Parasarcophaga* (*Liosarcophaga*) *angarosinica* Rohdendorf, 1937 (附图65)

外部形态特征

体长8.0～13.0mm。间额宽约为一侧额2倍。触角黑色，第三节长约为第二节的2倍，触角芒羽状。侧颜鬃在侧颜下段的鬃毛较强大。颊毛全黑。下颚须黑色。眼后鬃2行。颊后头沟的后方全为白毛。前胸侧板中央凹陷裸，腹侧片鬃1：1：1；中间1根较弱。前中鬃缺如；后中鬃仅在小盾前1对，弱小；后背中鬃5～6，越往前越小，鬃间距也越短，仅最后2根发达。r_1脉裸，$2R_5$室开放。后足胫节具长缨毛，后足转节腹面在近基部一般只有短鬃斑，在近端部有不多疏落的细毛，后腹面基部一半仅有疏的纤毛。腹部第三至第五各背板的近中部前缘的暗色斑和同一节两侧的后缘暗色斑不通连。腹部第三背板中缘鬃缺如；第九背板黑色。

雄性尾器特征

肛尾叶稍向前弯曲，末端尖；侧尾叶为一呈三角形的骨板，其端部的角稍圆而不突。前阳基侧突末端尖，背面有1排很细的短毛；后阳基侧突宽直，末端稍向前弯曲，近端部腹面有2根细长毛。阳基膜状突宽阔，略呈圆形，末端圆钝。侧阳体基部腹突叶状狭长；侧阳体端部侧突中间几乎呈直角向下弯曲，端部几乎与侧插器平行；侧阳体端部中央突较宽大，直指向下，末端尖。

分布

国内：黑龙江、吉林、辽宁、河北、山东、山西、河南、陕西、宁夏、青海、江苏

国外：俄罗斯（模式产地：西伯利亚东部）

二十二、琦麻蝇属 *Hosarcophaga* Shinonaga et Tumrasvin, 1979

前胸侧板中央凹陷有1~2根纤毛。腹侧片鬃1∶1∶1。中鬃缺如；后背中鬃5~6，越往前越小，鬃间距也越短，仅最后2根发达。r₁脉裸。中足股节腹面有缨毛；后足胫节有长缨毛。第五腹板有小窗。阳茎膜状突不发达。侧阳体基部腹突发达，其下半部骨化强，下缘呈锯齿状。

66. 锯缘琦麻蝇 *Hosarcophaga serrata* Ho, 1938（附图66）

体长10.0mm。间额宽约为一侧额1.5倍。触角黑色，第三节长约为第二节的4倍，触角芒长羽状。侧颜鬃为一排稀疏的细鬃毛。颊毛全黑。下颚须黑色。眼后鬃3行。前胸侧板中央凹陷有1~2根纤毛，腹侧片鬃1∶1∶1。中鬃缺如；后背中鬃5~6，越往前越小，鬃间距也越短，仅最后2根发达。r₁脉裸，2R₅室开放。翅肩鳞黑色，前缘基鳞黄色。中足股节腹面有缨毛，后足胫节有长缨毛。腹部第三背板中缘鬃缺如；第九背板黑色；第五腹板有小窗。

肛尾叶直，末端具爪；侧尾叶呈梯形腹骨板。前阳基侧突基部向前呈直角弯曲，腹面波曲，背面具很细的小毛。后阳基侧突短，末端的爪长，近端部腹面有2根细长毛。阳茎膜状突不发达。侧阳体基部腹突发达，其下半部骨化强，下缘呈锯齿状；侧阳体端部侧突直伸向前，不分叉。

分布
国内：海南、台湾
国外：泰国、印度尼西亚（模式产地：爪哇）

二十三、折麻蝇属 *Blaesoxipha* Loew, 1861

体长3.5~13.0mm。额前缘明显角形向前比口缘突出。雄性额宽为头宽的0.01~0.22倍，雌性则为0.28~0.36倍。前倾上眶鬃和外顶鬃仅在雌性中存在，触角中等长，第三节长为第二节的1.2~2倍，芒具毪毛或短羽状，具裸端；髭着生位置通常高于口前缘或同在一水平上；颜堤下端1/4~1/3具小鬃；侧颜及颊中等宽，有鬃。后头下部有淡色毛。下颚须长或中等长，在雄性中末端常增粗。后中鬃通常超过1对，很少有1对或缺如，后背中鬃3对，少数4对；翅内鬃（0-1）+（2-3），肩后鬃2~3对，少数为1对；腹侧片鬃2∶1；前胸侧板中央凹陷裸，有时有很少的短毛。小盾有强大的亚端鬃和基鬃，端鬃在雄性中很发达，相互交叉，在雌性中通常缺如。雄性中股一般有栉，中胫前背鬃通常2～3对，有时为1对。翅$2R_5$室开放，r_1脉裸，r_{4+5}脉基部有小刚毛。雄性腹部呈锥形的长卵形，雌性呈卵形。雄性肛尾叶通常呈钝角形，其端部总是向末端变尖细，有数行短棘，有时背面有高的长脊状突，有的种类肛尾叶末端呈匙形增宽。前阳基侧突宽，末端常增厚；后阳基侧突通常长瘦，略直，末端尖。阳基后突缺如。侧尾叶延长，三角形，具密毛；侧阳体基部通常长，很少方形。腹叶发达，端插器大形，末端尖或圆，侧插器常很发达。侧阳体端部骨化弱，延长，末端常有1对短的侧叶。雌性第六背板总是完整的；第七背板通常缺如或很不发达；第八背板很发达，一般由1对三角的片组成；第十背板很狭，柔皮状，有1对鬃。肛尾叶长，具毛。第十腹板很发达，第七、八合腹板总是愈合的并形成一弯曲的钩状产卵器。受精囊长卵形。

67. 拟宽脚折麻蝇 *Blaesoxipha sublaticornis* Hsue, 1978 (附图67)

外部形态特征

体长7.5～8.5mm。间额约为一侧额3倍宽。触角黑色，第三节长约为第二节的1.5倍，触角芒短羽状。侧颜鬃下段的毛较强大。颊毛全黑。下颚须黑色。眼后鬃3行。前胸侧板中央凹陷裸，腹侧片鬃1：1：1。前中鬃强大；后中鬃仅在小盾前1对；后背中鬃3对。r_1脉裸，$2R_5$室开放。前缘刺发达。翅肩鳞黑色，前缘基鳞黄色。腹部第三背板中缘鬃存在；第九背板棕黄色。

雄性尾器特征

肛尾叶呈钝角形向后折曲，其上面的棘基本连成一群，后缘有片状纵脊，端部呈匙状的扩展；侧尾叶为一狭短的骨板。前阳基侧突腹面具膜，背面有一排细毛；后阳基侧突波曲，末端匙状。阳茎长，基阳体比侧阳体基部长。侧阳体基部与端部界限分明，端部稍长与基部。侧阳体基部腹叶细小甚至缺如；侧阳体端部侧突片状，向两侧伸展。

分布

国内：辽宁(模式产地：东部)、内蒙古

国外：未知

68. 斑折麻蝇 *Blaesoxipha macula* Hsue, 1978 (附图68)

外部形态特征

体长6.0～7.5mm。间额约为一侧额2倍宽。触角第二节端部与第三节基部棕黄色，第三节长约为第二节的2倍，触角芒短羽状。侧颜鬃在侧颜下段的鬃毛较强大。颊毛全黑。下颚须黑色。前胸侧板中央凹陷裸，腹侧片鬃1:1:1。前中鬃强大；后中鬃3对，有时不对称；后背中鬃3对。r_1脉裸，$2R_5$室开放。前缘刺发达。翅肩鳞黄色，前缘基鳞黄色。腹部第三背板中缘鬃存在；第九背板黑色。

雄性尾器特征

肛尾叶呈直角形向后折曲，后缘无片状脊，棘群分布较偏于游离部的基方。侧尾叶为一狭长的三角形骨板。前阳基侧突弧形弯曲，末端圆钝；后阳基侧突基部直，末端有向前弯曲的爪。侧阳体基部腹叶末端尖，大部分膜质。端部侧突尖而瘦小，膜质。

分布

国内：辽宁（模式产地）、广东

国外：未知

69. 线纹折麻蝇 *Blaesoxipha campestris* (Robineau-Desvoidy, 1863) (附图69)

外部形态特征

体长5.0~10.5mm。间额约为一侧额2倍宽。触角黑色，第三节长约为第二节的1.5倍，触角芒短羽状。侧颜鬃在侧颜下段的鬃毛较强大。颊毛全黑。下颚须黑色。前胸侧板中央凹陷裸，腹侧片鬃1:1:1。前中鬃强大；后中鬃仅在小盾前1对；后背中鬃3对。r_1脉裸，$2R_5$室开放。前缘刺不发达。翅肩鳞黑色，前缘基鳞黄色。腹部第三背板中缘鬃存在；第九背板棕黄色。

雄性尾器特征

肛尾叶呈锐角形向后折曲，游离部基部大半有片状纵脊，棘群着生在游离部端半的外后侧膨隆部分上；侧尾叶为一狭长的三角形骨板。前阳基侧突末端有尖爪，亚端有一小齿；后阳基侧突基部直，端部向前弯曲，末端钩状。侧阳体基部侧面观宽为长的3/4弱，基部腹叶发达，侧面观长于基部宽，插器向前弯曲，末端尖，端部中央突发达，与两侧突呈三圆突状。

分布

国内：黑龙江、吉林、辽宁、内蒙古、河北、山西、新疆、江苏

国外：古北区（模式产地：瑞典）、苏丹、索马里

二十四、拉麻蝇属 *Ravinia* Robineau-Desvoidy, 1863

下眶鬃列的前段走向雄性仅稍微向外，而雌性差不多是完全直的，不向外。前中鬃2~0，雄性小盾端鬃退化。肛尾叶后面观仅端部稍微分开；阳茎通常侧阳体不划分

出基部和端部，侧阳体腹突尖细而单纯；翁突发达，转位至侧阳体基部腹突的端侧；外观不见插器；第五腹板无窗，侧叶长度超过该腹板基部的长度，沿侧叶的内缘有短鬃呈刷状排列。雌性第六背板完整，第八背板发达。

70. 红尾拉麻蝇 *Ravinia striata* (Fabricius, 1794) (附图70)

外部形态特征

体长6.0～9.0mm。间额约为一侧额4倍宽。额鬃并列，稍向外。触角黑色，第三节长约为第二节的2倍，触角芒羽状。侧颜具细毛。颊毛全黑。下颚须黑色。眼后鬃3行。前胸侧板中央凹陷裸，腹侧片鬃1：1：1，中间1根较弱。前中鬃存在；后中鬃仅在小盾前1对，弱小；后背中鬃3对，都发达；小盾端鬃退化。r_1脉裸，$2R_5$室开放。腹部第三背板中缘鬃缺如；第九背板红棕色；第五腹板无窗，侧叶长度超过该腹板基部的长度，沿侧叶的内缘有短鬃呈刷状排列。

雄性尾器特征

肛尾叶直，末端去渐尖；侧尾叶非常短，几乎与第九背板愈合。前阳基侧突缓缓地弯曲；后阳基侧突略直而末端具急激弯曲的钩，腹面近端部略呈锯齿状。阳茎粗壮，基阳体长，后上端突出。侧阳体基部腹面尖，翁突1对，骨化而大形，侧面观呈三角形，具短柄；侧阳体端部与基部无无明显界限。

分布

国内：黑龙江、吉林、辽宁、内蒙古、河北、北京、天津、山西、山东、河南、陕西、宁夏、甘肃、新疆、青海、江苏、湖北、湖南、四川、贵州、云南、西藏

国外：朝鲜、日本、蒙古、阿富汗、尼泊尔、巴基斯坦、印度、苏联、伊朗、也门、沙特阿拉伯、伊拉克、叙利亚、黎巴嫩、巴勒斯坦、非洲北部、欧洲（模式产地：哥本哈根）

二十五、污蝇属 *Wohlfahrtia* Brauer et Bergentamm, 1889

体型大或中型，体覆银灰或略带黄色的粉被，腹具界限分明的黑色斑纹，通常是在各背板边缘有1对黑点斑，第三、四背板正中有瓶形或圆形的斑纹，有时黑色部分愈合，或者整个腹部呈亮黑色；额角略突出，眼离生，雄额比雌额稍狭，上眶鬃和下眶鬃短，侧颜下部通常无鬃或毛，触角芒裸或羽状，后背中鬃通常2～4个鬃位，少数达5个，背侧片鬃2，腹侧片鬃1：1，少数为2：1；无小盾端鬃；前缘刺不发达或缺如，r_1脉裸，r_{4+5}脉常具鬃，$2R_5$室开放。雄性阳体主要为单一的1节，附突不多。

71. 陈氏污蝇 *Wohlfahrtia cheni* Rohdendorf, 1956 (附图 71)

外部形态特征

体长 11.0～16.0mm。间额约与一侧额等宽。触角长，第三节长约为第二节的 3 倍，第二节端部橙红色；触角芒具短毳毛，基部的 2/5～1/2 增粗，第二小节不延长。侧颜裸。颊毛全黑。颊高显然大于眼高一半。下颚须黄色。后头全被黑色毛。前胸侧板中央凹陷裸，腹侧片鬃 1 : 1。前中鬃缺如；后中鬃仅在小盾前 1 对；后背中鬃 3 对，越往前越小。r_1 脉裸，$2R_5$ 室开放，翅肩鳞和前缘基鳞都是黄色，前缘刺不发达。r_{4+5} 脉上面的小刚毛列占第一段脉基部的 3/5。后足基节后表面裸，所有足的胫节与股节腹面都具密的长缨毛。整个腹部深褐色，第一、二合背板的黑斑几乎愈合；第三、四背板沿后缘各有 3 个孤立的小黑斑，两侧的呈圆形，唯第三背板正中为黑纵斑伸达节前缘；第五背板沿后缘有 3 个小黑斑，圆点状；第三背板中缘鬃缺如；第九背板棕黄色。

雄性尾器特征

肛尾叶端半部略向前弯曲，末端尖；侧尾叶为宽短的骨板。前阳基侧突弧形弯曲，末端有一细小的爪；后阳基侧突短，腹面波曲，基部腹面有 1 鬃，末端具爪。阳体大型，弯曲而末端膨大，侧阳体端部极长。

分布

国内：内蒙古、甘肃、新疆

国外：蒙古（模式产地：北戈壁）、俄罗斯（东西伯利亚）、吉尔吉斯斯坦

72. 亚西污蝇 *Wohlfahrtia meigeni* (Schiner, 1862) (附图 72)

外部形态特征

体长 10.0～15.0mm，体色较暗，体表覆盖不特别浓厚的灰色粉被。间额约为一侧额 3 倍宽。触角短，第一、二、三节基部红棕色，第三节长约为第二节的 1.5 倍；触角芒具短毳毛，基部 2/5～1/2 增粗，第二小节不延长。侧颜上段疏被细毛。颊毛全黑。颊高显然大于眼高一半。下颚须黄色。后头全被黑色毛。前胸侧板中央凹陷裸，腹侧片鬃 2 : 1。前中鬃缺如，后中鬃仅在小盾前 1 对，后背中鬃 3 对，中鬃与背中鬃都细长。r_1 脉裸，$2R_5$ 室开放，翅肩鳞和前缘基鳞都是黑色。前缘刺不发达，r_{4+5} 脉上面的小刚毛列占第一段脉基部的 3/5。后足基节后表面裸。腹部黑斑较大。第四背板上的正中斑向前伸达背板前缘并与第三背板的正中黑条相连；第三背板中缘鬃缺如；第九背板黑色。

雄性尾器特征

肛尾叶微微弯曲，末端尖；侧尾叶短柱状。前阳基侧突略呈弧形弯曲，末端截状；后阳基侧突基部宽，腹面有1根鬃，端部不是很弯曲，腹面有1排小毛，末端尖。阳茎短，简单，骨化强，整个阳茎分为主干与腹突两个部分，腹突约与主干呈直角相交，向前突出。

分布

国内：黑龙江、内蒙古

国外：蒙古、俄罗斯、印度西北、美索不达米亚、欧洲（模式产地：奥地利），美国西北等地

二十六、短野蝇属 *Brachicoma* Rondani, 1856

中等大小或大型蝇类，体长5.0～14.0mm，体色暗。雄性额宽通常不狭于眼宽，雌额更宽；触角第三节长约为第二节的2倍，芒裸或有短毳毛，基半部增粗；侧颜显然宽于触角第三节宽，被较多鬃状毛；口窝孔长约为其宽的3倍；下颚须黑色细长，超过触角；中鬃（0-2)+1，后背中鬃3对；2R₅室开放，m₁₊₂脉末端心角呈直角或小于直角，它与m-m横脉接近而与翅缘较远；中胫无腹鬃，前足爪及爪垫常大于第五分跗节。腹几乎全黑，或具发达的淡色粉被而背板可见黑色缘带及黑色正中条；雄性尾节常呈亮黑，肛尾叶长三角形，基半部粉被，端半细而亮黑，侧尾叶常呈宽短有钝的片状，或呈兽角状；阳茎骨化强，亮黑，侧阳体侧面观有时呈别针头状，或者前后缘几乎平行。

73. 寂短野蝇 *Brachicoma devia* (Fallen, 1820)（附图73）

外部形态特征

体长8.0～9.0mm，体色暗。间额约为一侧额2倍宽。触角短，黑色，第三节长约为第二节的2倍；触角芒具短毳毛，基部2/5～1/2增粗，第二小节不延长。侧颜密被硬毛。颊毛全黑。下颚须黑色，筒形。前颊较短，其长度远远小于眼高，与复眼横径的长度相近。后头全被黑色毛。前胸侧板中央凹陷裸吗，腹侧片鬃1:1:1。前中鬃缺如；后中鬃仅在小盾前1对；后背中鬃3对，都发达。r₁脉裸，2R₅室开放，翅肩鳞黑色、前缘基鳞黄色，前缘刺不发达，r₄₊₅脉上面的小刚毛列占第一段脉基部的3/5。后胫背端鬃3，后足基节后表面裸。腹部第三背板中缘鬃强大；第三、四背板具山字形黑斑；第九背板黑色。

雄性尾器特征

肛尾叶较短而宽，末端的钩弯曲向前；侧尾叶略似一分叉的鹿角。前阳基侧突短，

弧形弯曲，末端有一尖细的爪。阳茎短，骨化强，基阳体与侧阳体没有明显界限，阳茎基部较细，端部膨大弯曲，阳茎腹面中间有透明的腹突，腹突没有覆盖的区域密布小刺。

分布

国内：黑龙江、辽宁、内蒙古、新疆、四川、云南、西藏

国外：日本、蒙古、俄罗斯（远东地区、西伯利亚、外高加索、欧洲部分）、吉尔吉斯斯坦、欧洲（模式产地：瑞典）、北美洲

二十七、长肛野蝇属*Angiometopa* Brauer et Bergenstamm, 1889

中等大小或大型灰色蝇类，体长6.0~12.0mm。雄性眼离生，有发达的外顶鬃和后倾上眶鬃，侧颜有毛；触角第三节长为第二节的1.5~2倍，芒羽状或具短毳毛；下颚须大多黄；前中鬃存在或缺如，后背中鬃3对；翅透明；腹各背板有黑色正中条和1对侧斑；雄性侧尾叶单纯，端部瘦长，明显短于或略短于肛尾叶，基阳体长于阳茎。

74. 茹长肛野蝇*Angiometopa ruralis* (Fallen, 1817) (附图74)

外部形态特征

体长6.5~11.0mm。间额约为一侧额4倍宽。触角第二节黄色；第三节呈暗红色，有时呈黑褐色而内侧透红，长约为第二节的2倍，触角芒羽状。侧颜具细毛。颊毛全黑。下颚须黄。后头全被黑色毛。前胸侧板中央凹陷裸，腹侧片鬃2:1。前中鬃缺如；后中鬃仅在小盾前1对；后背中鬃3对，都发达。r_1脉裸，$2R_5$室开放，翅肩鳞和前缘基鳞均黄色。后足基节后表面裸。腹部第三背板中缘鬃缺如；第九背板黑色。腹部各背板有三斑，即黑色的正中条及一对侧黑斑。

雄性尾器特征

肛尾叶瘦长，稍向前弯曲，疏被细短毛；侧尾叶直，柱状，瘦长，明显短于肛尾叶，端部圆钝，疏被细毛但比肛尾叶上的毛略粗。前阳基侧突向前呈直角弯曲，紧贴阳茎；后阳基侧突深藏于第九背板包围，基部腹面有1长毛。阳茎短，宽大，无突起，几乎仅有侧阳体基部中壁与膜状部。侧阳体端部中央突宽短，末端膜状，侧阳体基部与端部无界限。

分布

国内：辽宁、内蒙古、北京、四川、黑龙江

国外：蒙古、西伯利亚、亚洲中部和西部、高加索欧洲部分、欧洲（模式产地：瑞典）

附：麻蝇科种类图

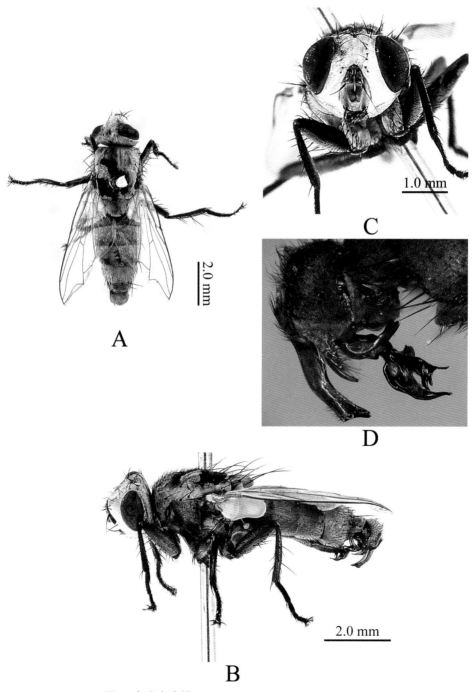

图1　灰斑白麻蝇*Leucomyia cinerea* (Fabricius, 1794)

A: 雄性背面观　B: 雄性侧面观　C: 雄性前面观　D: 雄性尾器

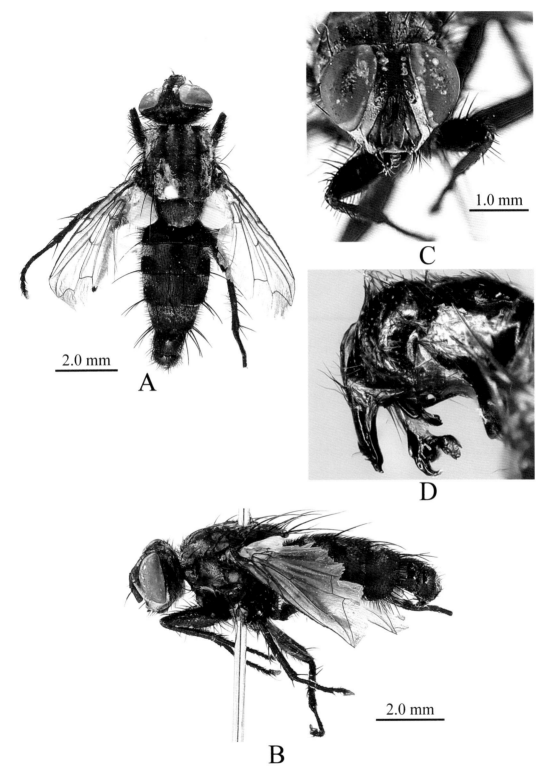

图2　股斑麻蝇*Sarcotachinella sinuata* (Meigen, 1826)

A: 雄性背面观　B: 雄性侧面观　C: 雄性前面观　D: 雄性尾器

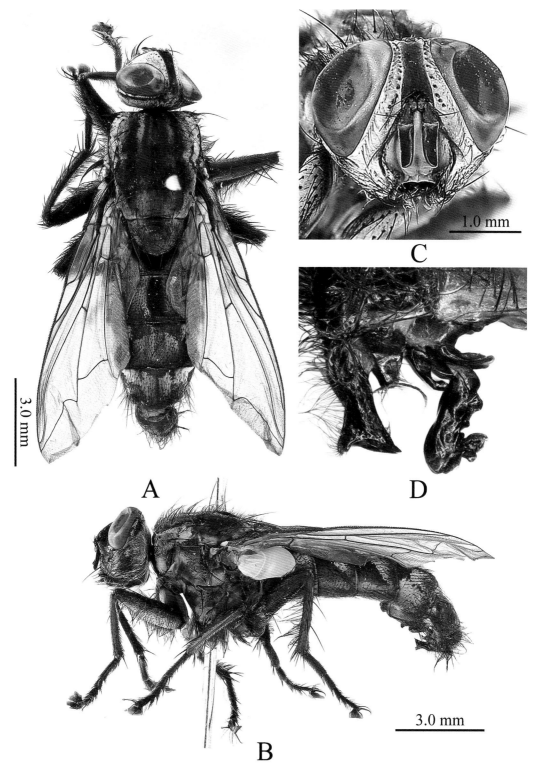

图3 西藏疣麻蝇*Tuberomembrana xizangensis* Fan, 1981

A: 雄性背面观　B: 雄性侧面观　C: 雄性前面观　D: 雄性尾器

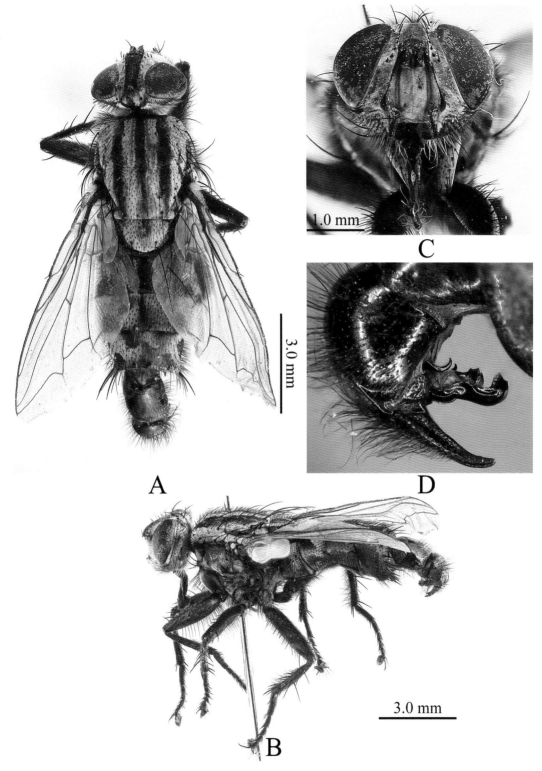

图4　黑尾黑麻蝇 *Helicophagella melanura* (Meigen, 1826)

A: 雄性背面观　B: 雄性侧面观　C: 雄性前面观　D: 雄性尾器

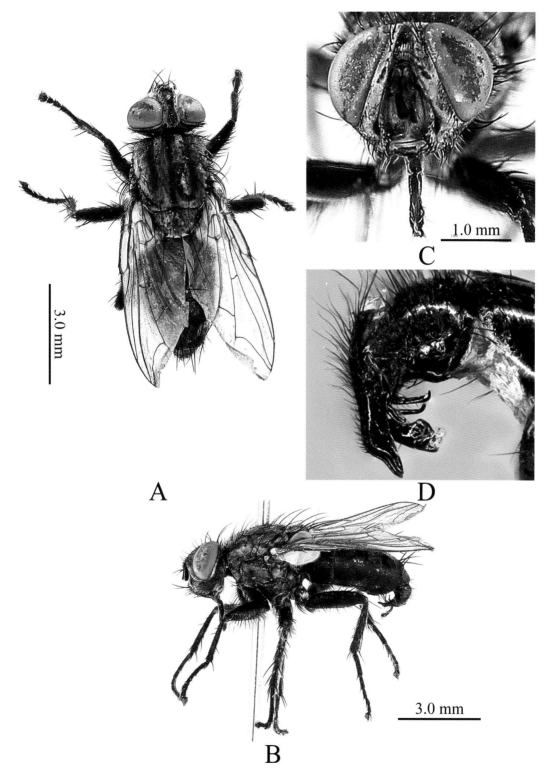

图5　郭氏欧麻蝇*Heteronychia* (s.str.) *quoi* Fan, 1964

A: 雄性背面观　　B: 雄性侧面观　　C: 雄性前面观　　D: 雄性尾器

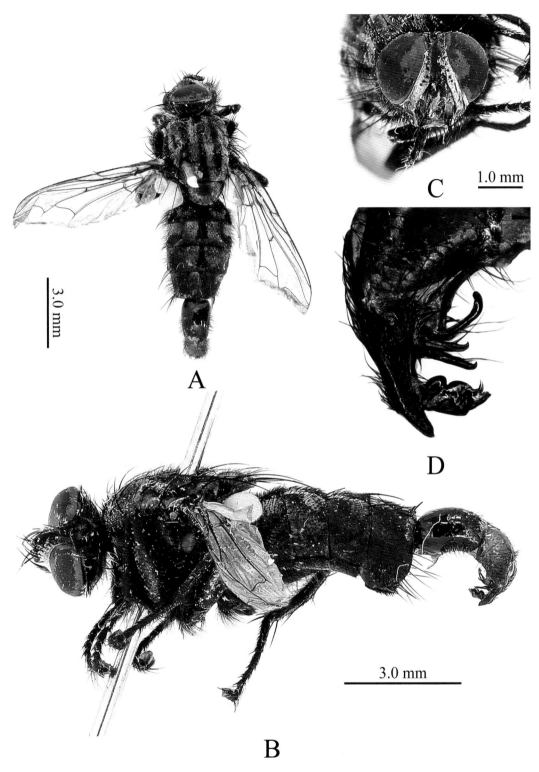

图6　细纽欧麻蝇 *Heteronychia* (s.str.) *shnitnikovi* Rohdendorf, 1937
A: 雄性背面观　B: 雄性侧面观　C: 雄性前面观　D: 雄性尾器

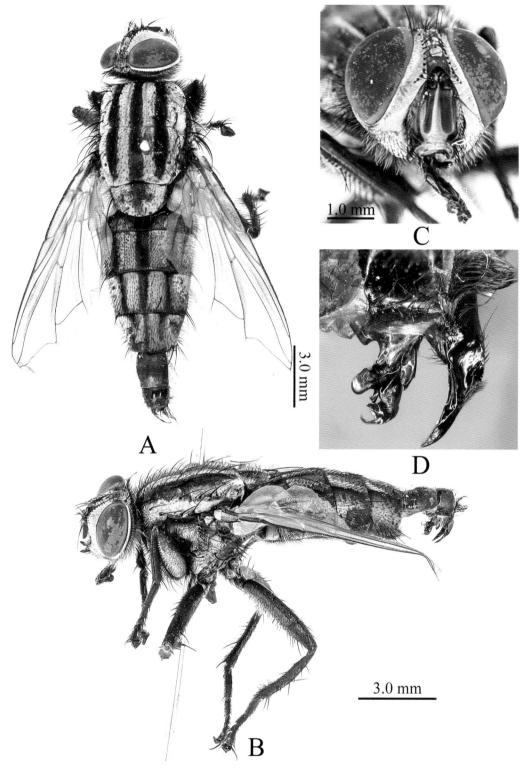

图7 金翅鬃麻蝇 *Sarcorohdendorfia seniorwhitei* (Ho, 1938)

A: 雄性背面观 B: 雄性侧面观 C: 雄性前面观 D: 雄性尾器

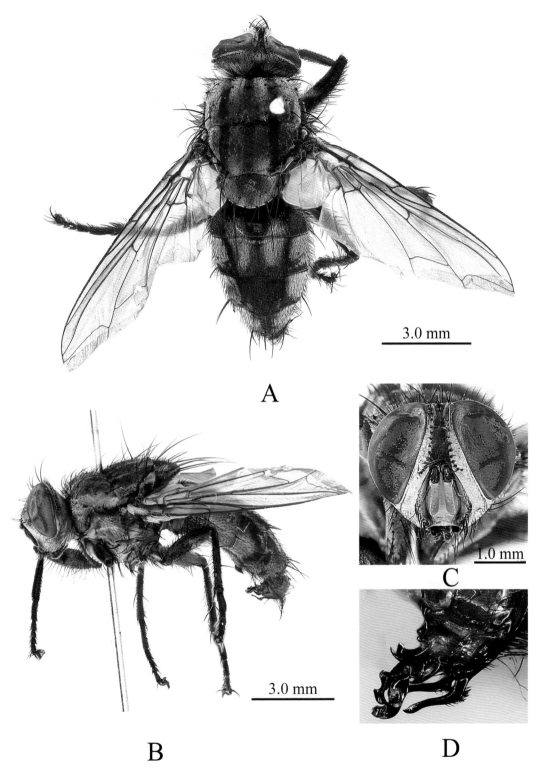

图8 拟羚足鬃麻蝇*Sarcorohdendorfia inextricata* (Walker, 1860)

A: 雄性背面观　B: 雄性侧面观　C: 雄性前面观　D: 雄性尾器

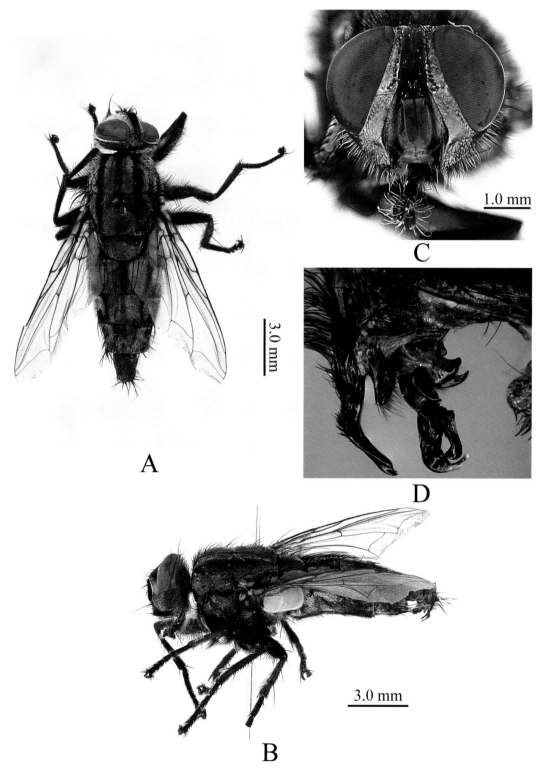

图9 羚足鬃麻蝇 *Sarcorohdendorfia antilope* (Bottcher, 1913)

A: 雄性背面观 B: 雄性侧面观 C: 雄性前面观 D: 雄性尾器

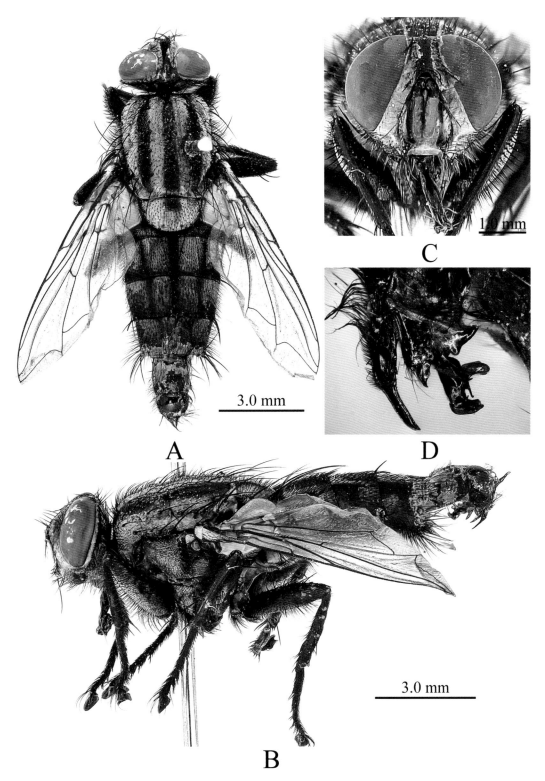

图10　瘦钩鬃麻蝇*Sarcorohdendorfia gracilior* (Chen, 1975)

A: 雄性背面观　B: 雄性侧面观　C: 雄性前面观　D: 雄性尾器

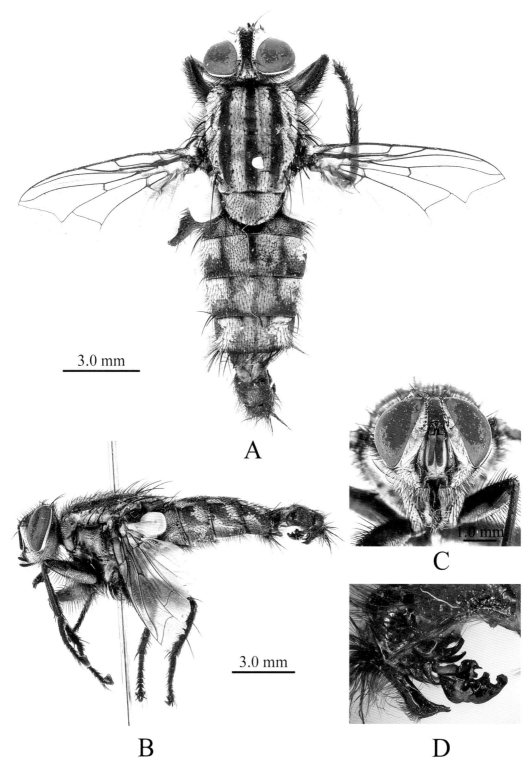

图11　松毛虫缅麻蝇*Burmanomyia beesoni* (Senior-white, 1924)

A: 雄性背面观　　B: 雄性侧面观　　C: 雄性前面观　　D: 雄性尾器

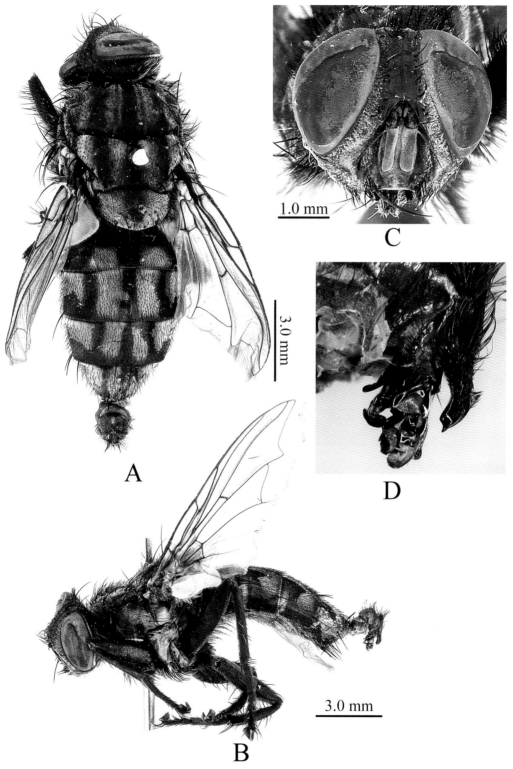

图12 盘突缅麻蝇*Burmanomyia pattoni* (Senior-white, 1924)

A: 雄性背面观   B: 雄性侧面观   C: 雄性前面观   D: 雄性尾器

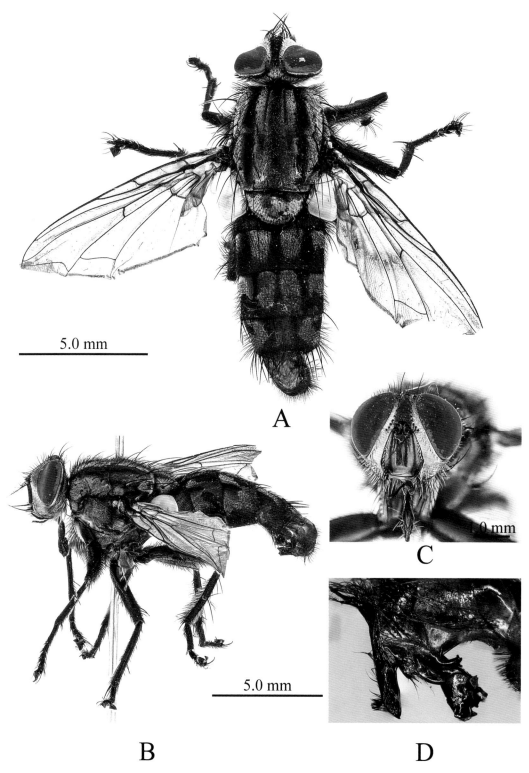

图13 华南球麻蝇*Phallosphaera* (*Yunnanomyia*) *gravelyi* (Senior-White, 1924)

A: 雄性背面观 B: 雄性侧面观 C: 雄性前面观 D: 雄性尾器

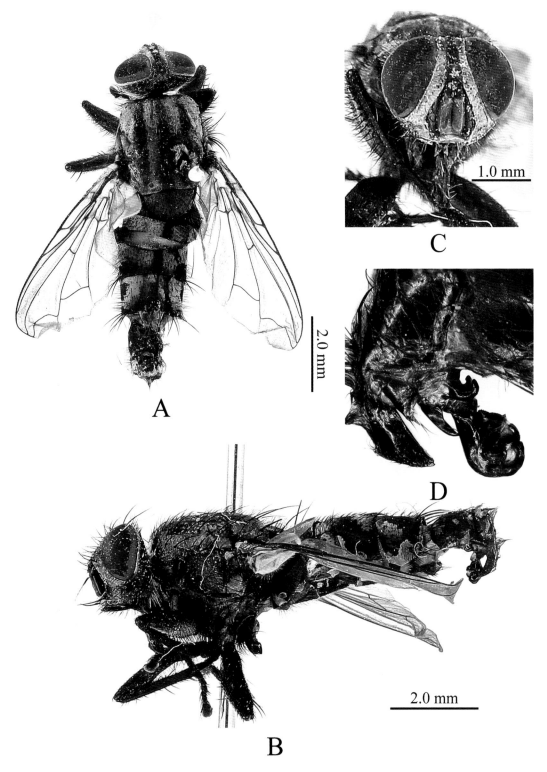

图14　舞毒蛾克麻蝇*Kramerea schuetzei* (Kramer, 1909)

A: 雄性背面观　B: 雄性侧面观　C: 雄性前面观　D: 雄性尾器

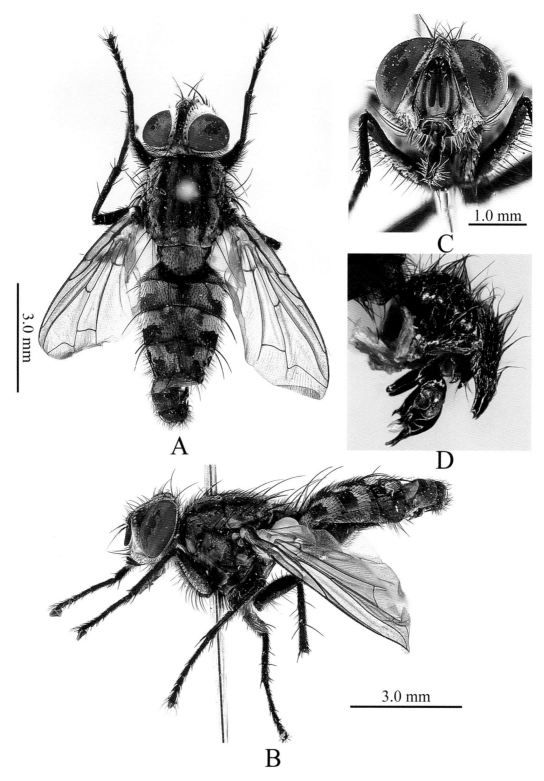

图15 立刺麻蝇*Sinonipponia hervebazini* (Seguy, 1934)

A: 雄性背面观　B: 雄性侧面观　C: 雄性前面观　D: 雄性尾器

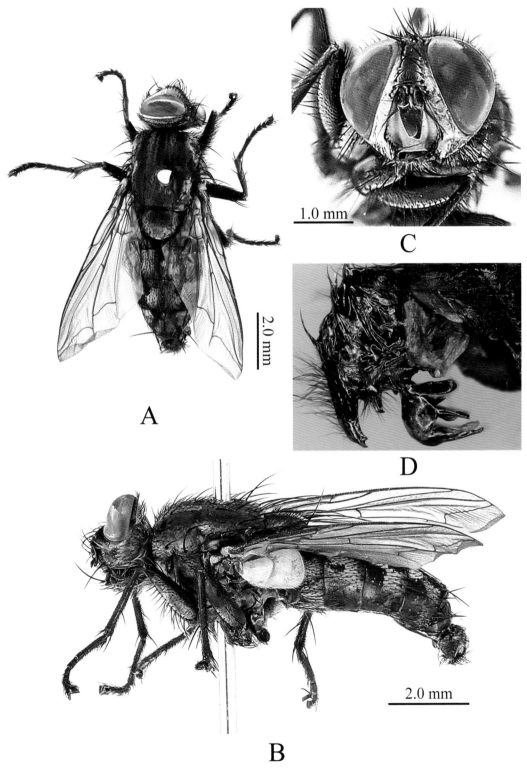

图16 海南刺麻蝇*Sinonipponia hainanensis* (Ho, 1936)

A: 雄性背面观 B: 雄性侧面观 C: 雄性前面观 D: 雄性尾器

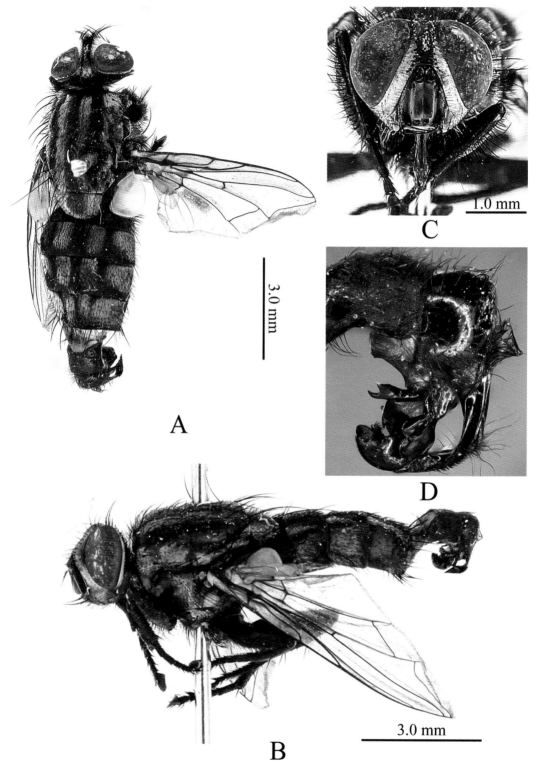

图17　鹿角堀麻蝇*Horiisca hozawai* (Hori, 1954)

A: 雄性背面观　B: 雄性侧面观　C: 雄性前面观　D: 雄性尾器

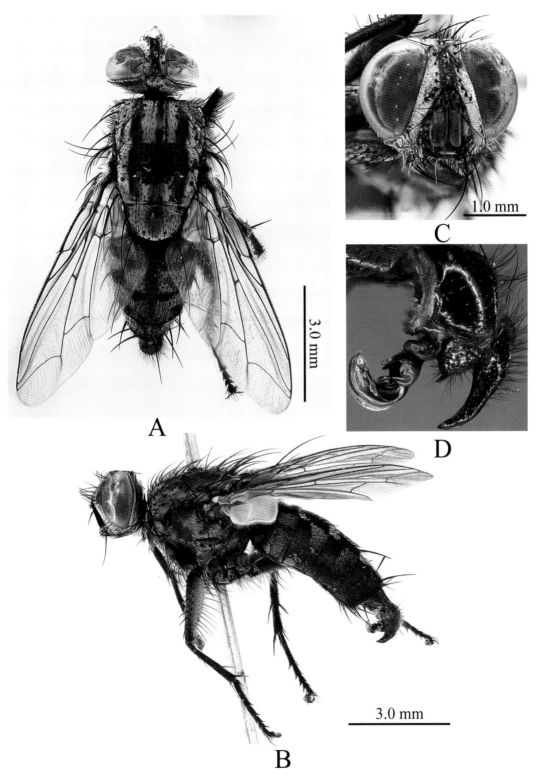

图18　偻叶所麻蝇 *Sarcosolomonia harinasutai* Kano et Sooksri, 1977

A: 雄性背面观　　B: 雄性侧面观　　C: 雄性前面观　　D: 雄性尾器

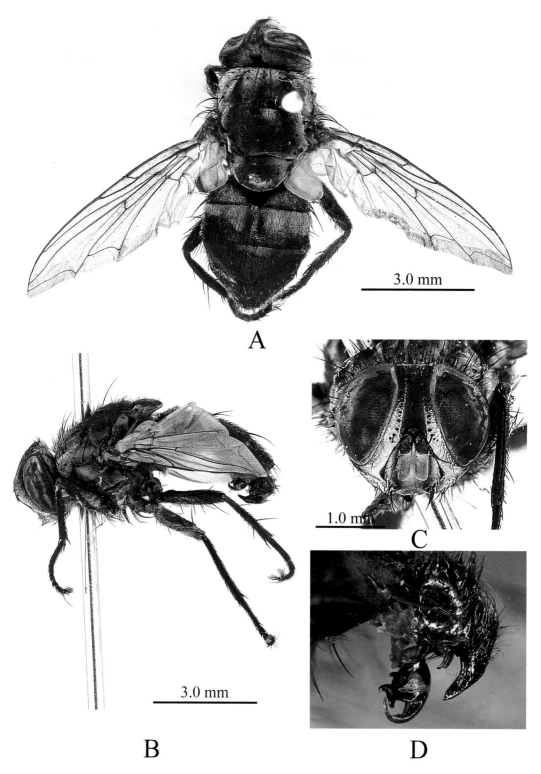

图19 卷阳何麻蝇 *Hoa flexuosa* (Ho, 1934)

A: 雄性背面观　B: 雄性侧面观　C: 雄性前面观　D: 雄性尾器

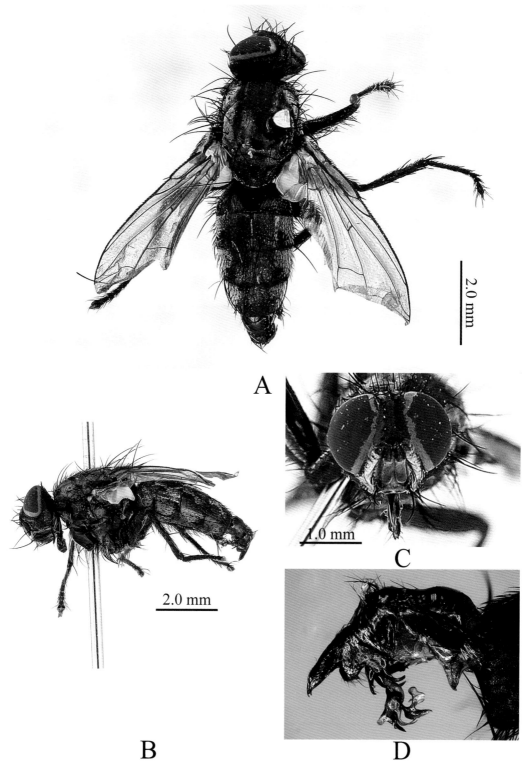

2.0 mm

A

2.0 mm

B

1.0 mm

C

D

图20 锡霍细麻蝇*Pierretia* (*Phallantha*) *sichotealini* (Rohdendorf, 1938)
A: 雄性背面观 B: 雄性侧面观 C: 雄性前面观 D: 雄性尾器

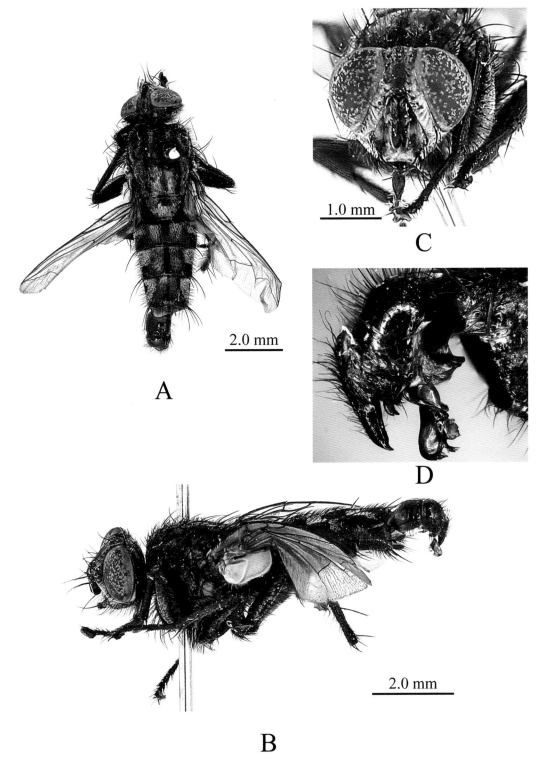

图21　林细麻蝇 *Pierretia*(*Arachnidomyia*)*nemoralis*(Kramer, 1908)

A: 雄性背面观　B: 雄性侧面观　C: 雄性前面观　D: 雄性尾器

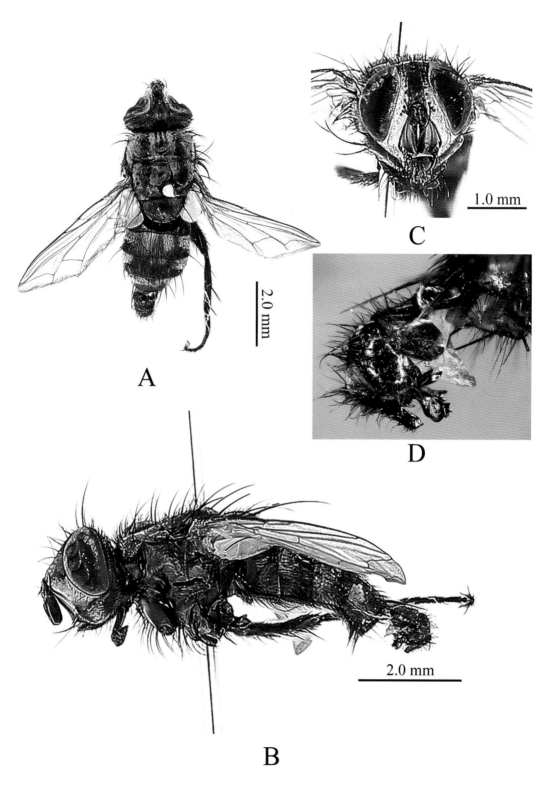

图22　青岛细麻蝇 Pierretia (Arachnidomyia) tsintaoensis Yeh, 1964

A: 雄性背面观　B: 雄性侧面观　C: 雄性前面观　D: 雄性尾器

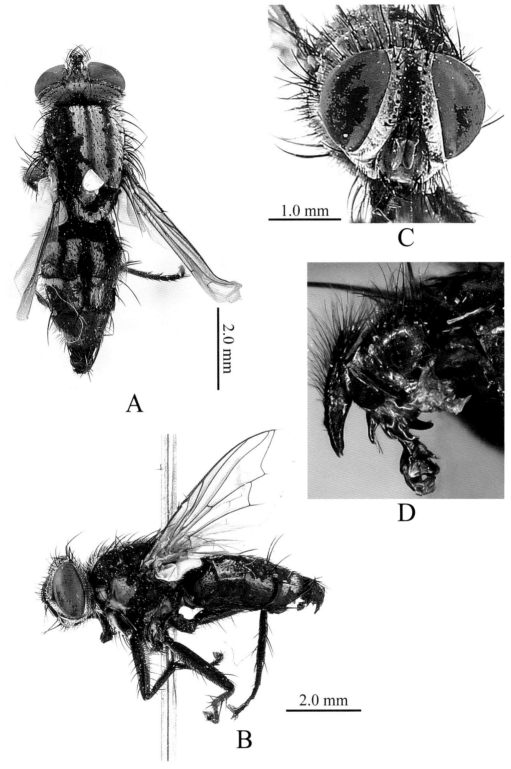

图23　上海细麻蝇 *Pierretia* (*Asiopierretia*) *ugamskii* (Rohdendorf, 1937)

A: 雄性背面观　B: 雄性侧面观　C: 雄性前面观　D: 雄性尾器

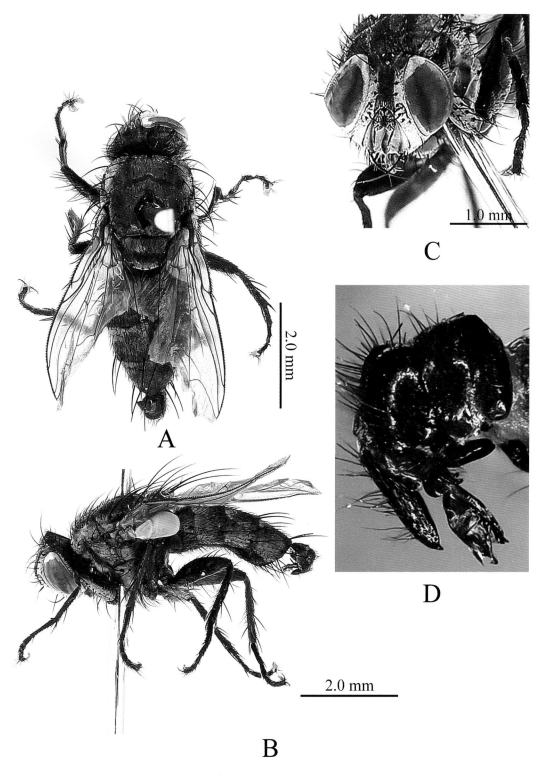

图24　杯细麻蝇 *Pierretia* (*Ascelotella*) *calcifera* (Boettcher, 1912)

A: 雄性背面观　B: 雄性侧面观　C: 雄性前面观　D: 雄性尾器

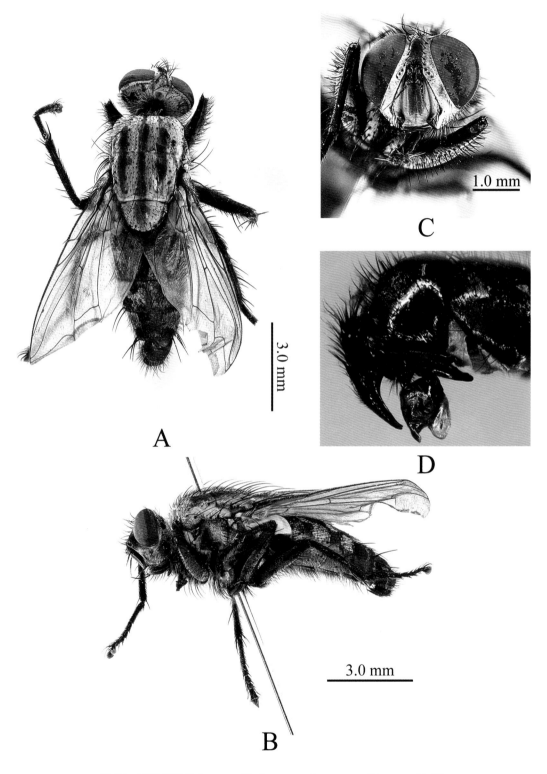

图25　翼阳细麻蝇 *Pierretia* (*Bellieriomima*) *pterygota* (Thomas, 1949)

A: 雄性背面观　B: 雄性侧面观　C: 雄性前面观　D: 雄性尾器

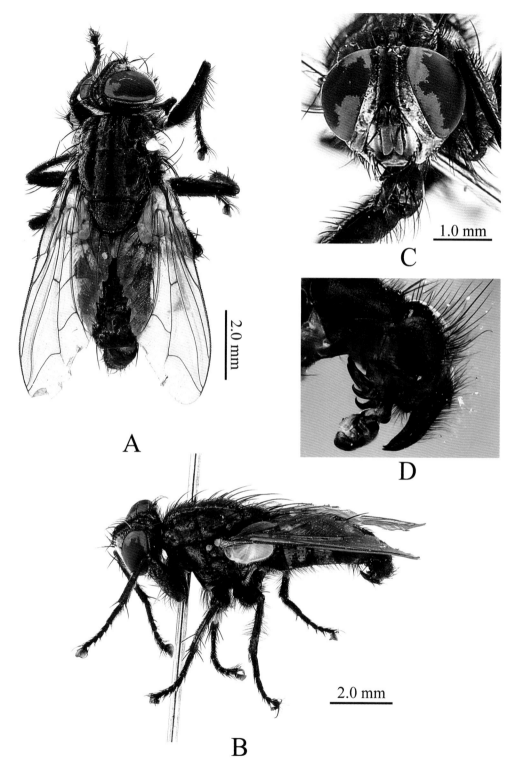

图26　台南细麻蝇 *Pierretia* (*Bellieriomima*) *josephi* (Boettcher, 1912)

A: 雄性背面观　B: 雄性侧面观　C: 雄性前面观　D: 雄性尾器

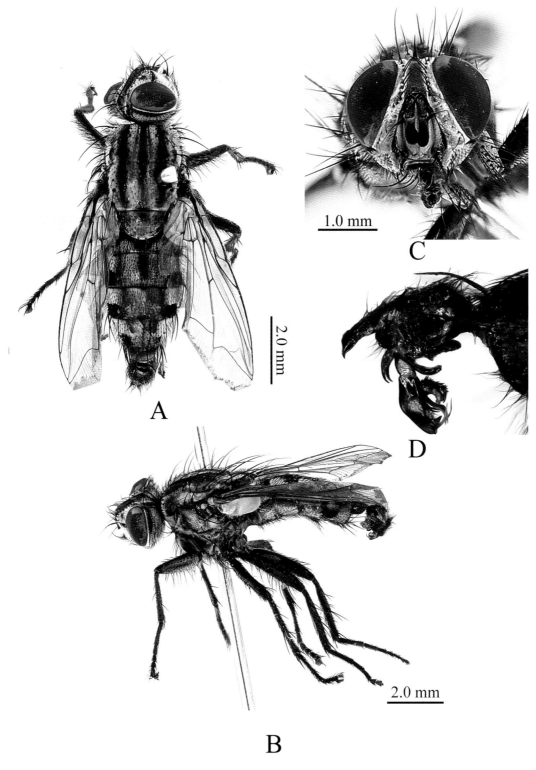

图27　肯特细麻蝇 *Pierretia* (*Thyrsocnema*) *kentejana* (Rohdendorf, 1937)

A: 雄性背面观　B: 雄性侧面观　C: 雄性前面观　D: 雄性尾器

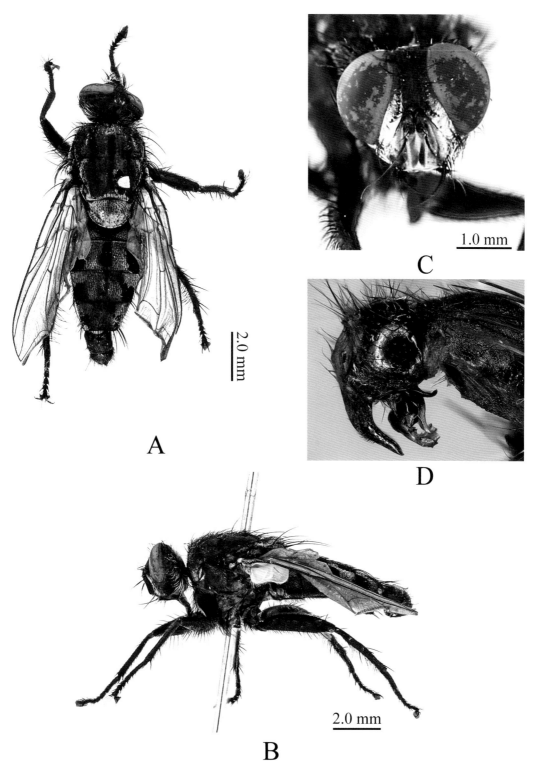

图28 乌苏里细麻蝇 *Pierretia* (*Bellieriomima*) *stackelbergi* (Rohdendorf, 1937)

A: 雄性背面观　B: 雄性侧面观　C: 雄性前面观　D: 雄性尾器

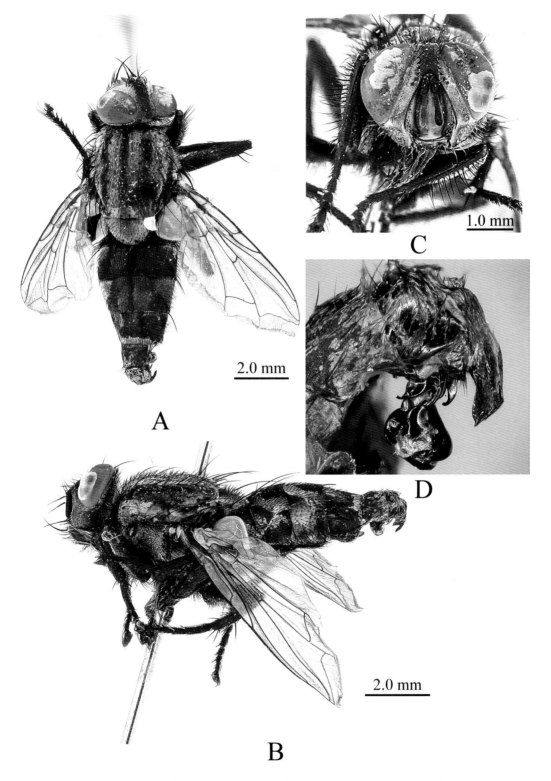

图29 膝叶细麻蝇 *Pierretia* (*Pachystyleta*) *genuforceps* (Thomas, 1949)

A: 雄性背面观　B: 雄性侧面观　C: 雄性前面观　D: 雄性尾器

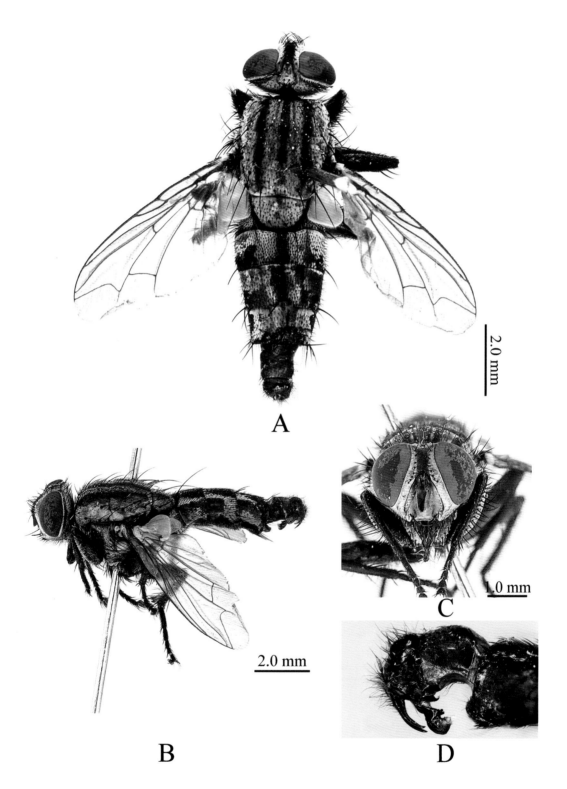

图30　瘦叶细麻蝇*Pierretia* (*Thomasomyia*) *graciliforceps* (Thomas, 1949)

A: 雄性背面观　B: 雄性侧面观　C: 雄性前面观　D: 雄性尾器

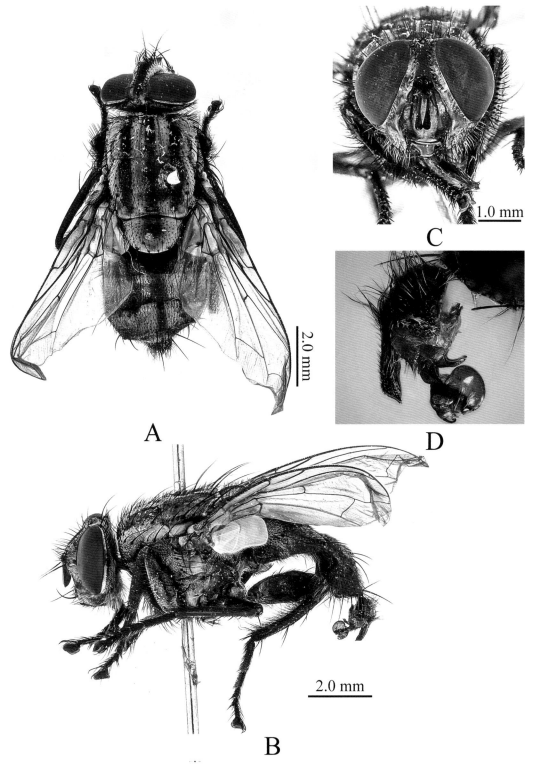

图31　球膜细麻蝇 *Pierretia (Bellieriomima) globovesica* Ye, 1980

A: 雄性背面观　B: 雄性侧面观　C: 雄性前面观　D: 雄性尾器

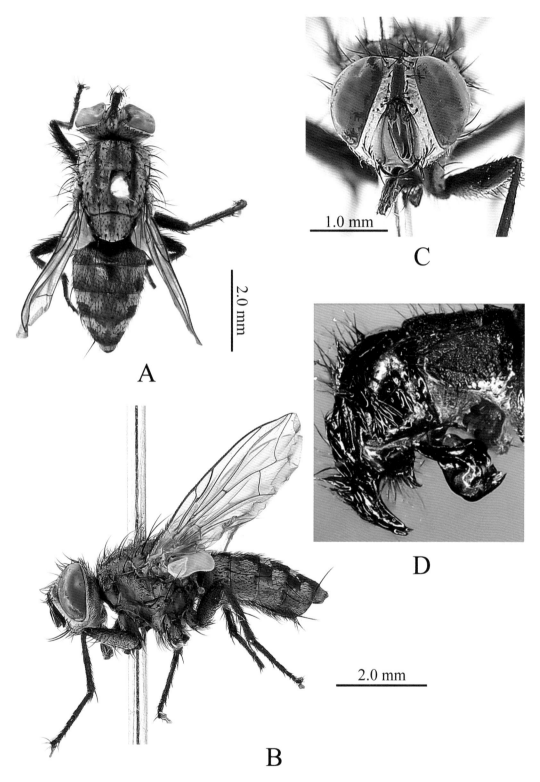

图32　微刺细麻蝇 *Pierretia* (*Bellieriomima*) *diminuta* (Thomas, 1949)

A: 雄性背面观　B: 雄性侧面观　C: 雄性前面观　D: 雄性尾器

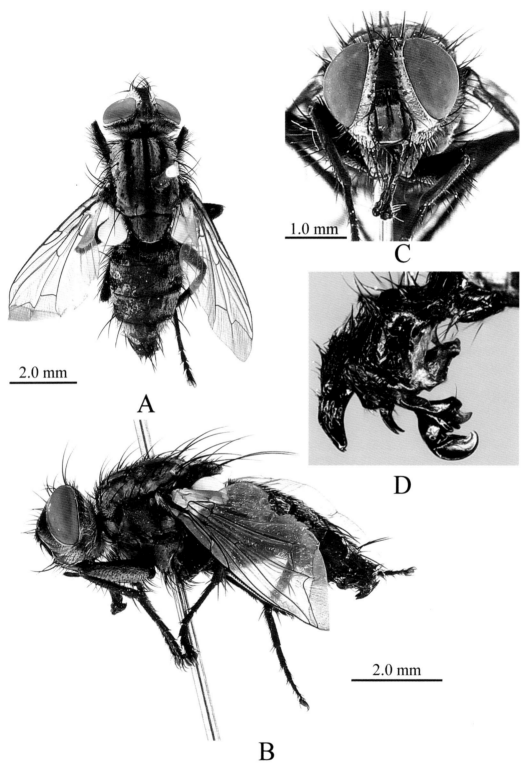

图33　拉萨细麻蝇 *Pierretia (Pseudothyrsocnema) lhasae* Fan, 1964

A: 雄性背面观　B: 雄性侧面观　C: 雄性前面观　D: 雄性尾器

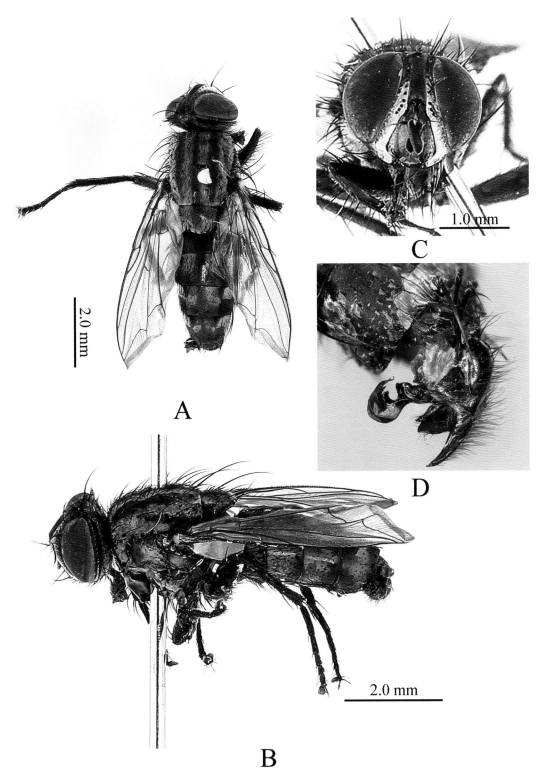

图34　鸡尾细麻蝇*Pierretia* (*Pseudothyrsocnema*) *caudagalli* (Boettcher, 1912)

A: 雄性背面观　B: 雄性侧面观　C: 雄性前面观　D: 雄性尾器

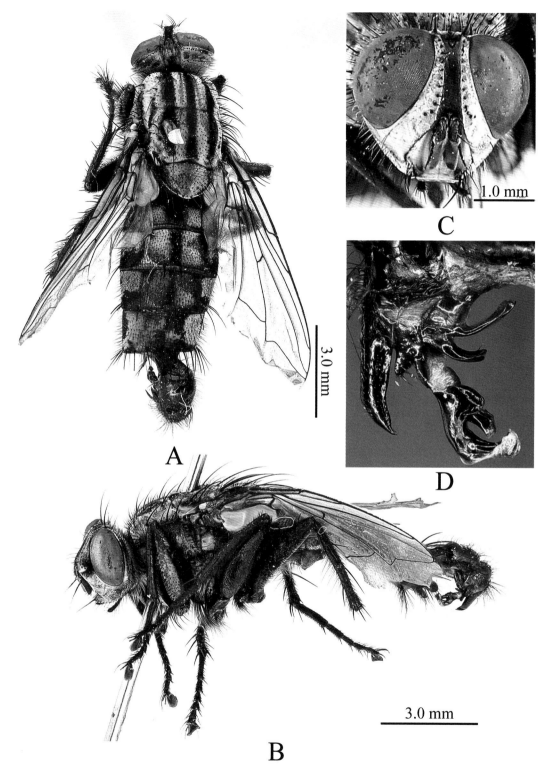

图35 常麻蝇 *Sarcophaga variegate* (Scopoli, 1763)

A: 雄性背面观　B: 雄性侧面观　C: 雄性前面观　D: 雄性尾器

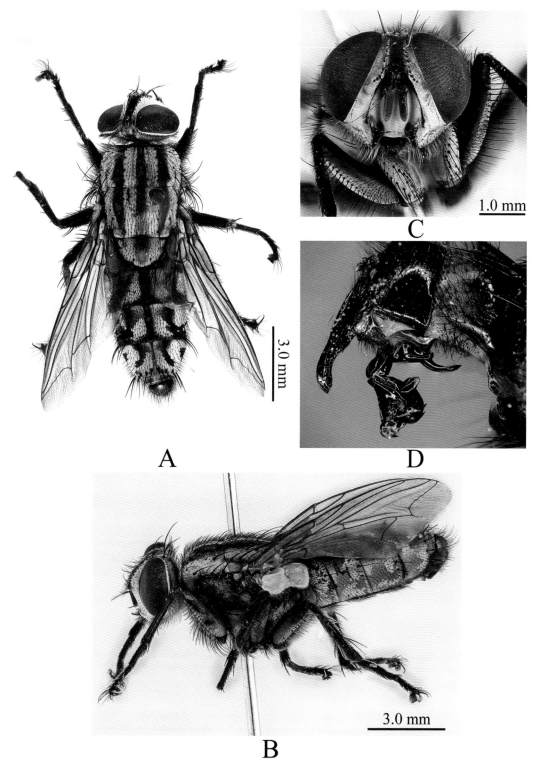

图36　棕尾别麻蝇 *Boettcherisca peregrine* (Robineau-Desvoidy, 1830)

A: 雄性背面观　B: 雄性侧面观　C: 雄性前面观　D: 雄性尾器

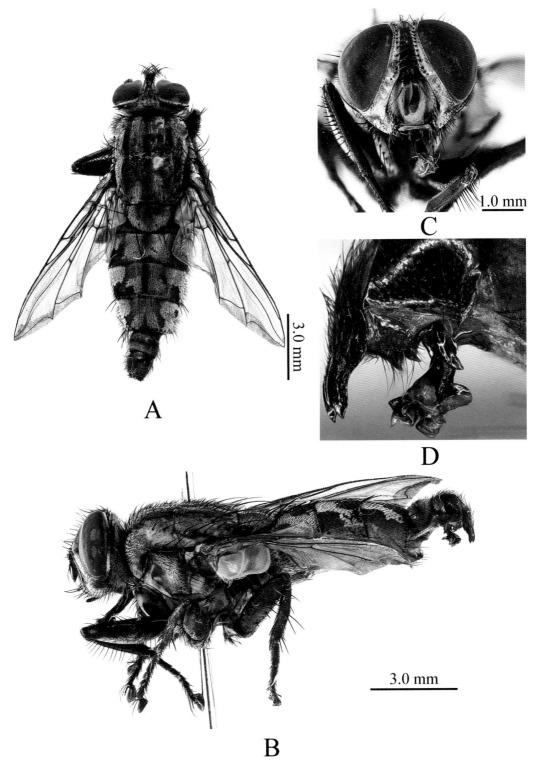

图37　北方别麻蝇 *Boettcherisca septentrionalis* Rohdendorf, 1937

A: 雄性背面观　B: 雄性侧面观　C: 雄性前面观　D: 雄性尾器

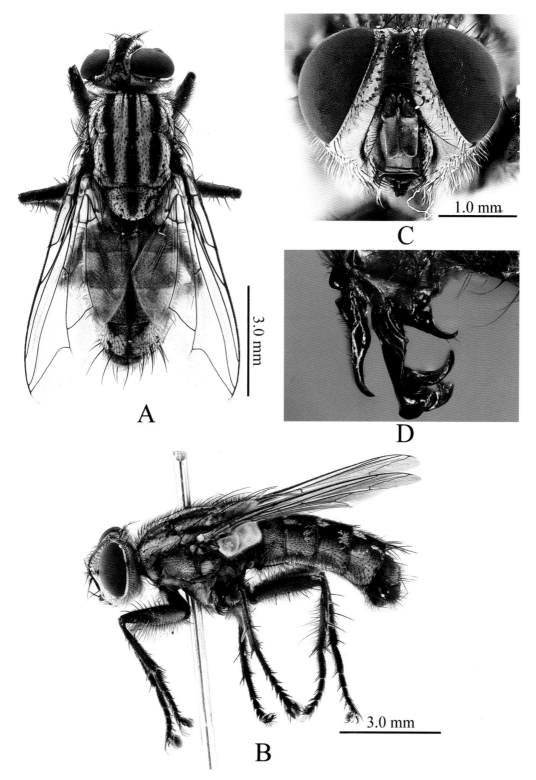

图38 红尾粪麻蝇 *Bercaea cruentata* (Meigen, 1826)

A: 雄性背面观　B: 雄性侧面观　C: 雄性前面观　D: 雄性尾器

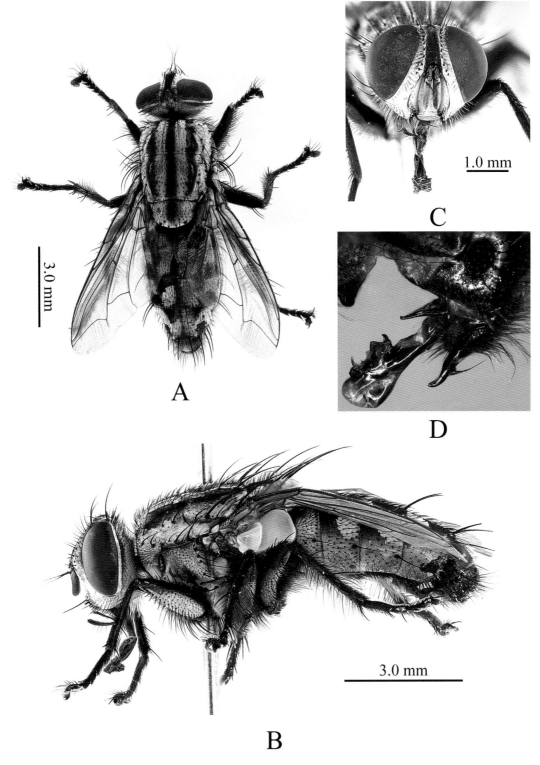

图39　拟东方辛麻蝇*Seniorwhitea reciproca* (Walker, 1856)

A: 雄性背面观　B: 雄性侧面观　C: 雄性前面观　D: 雄性尾器

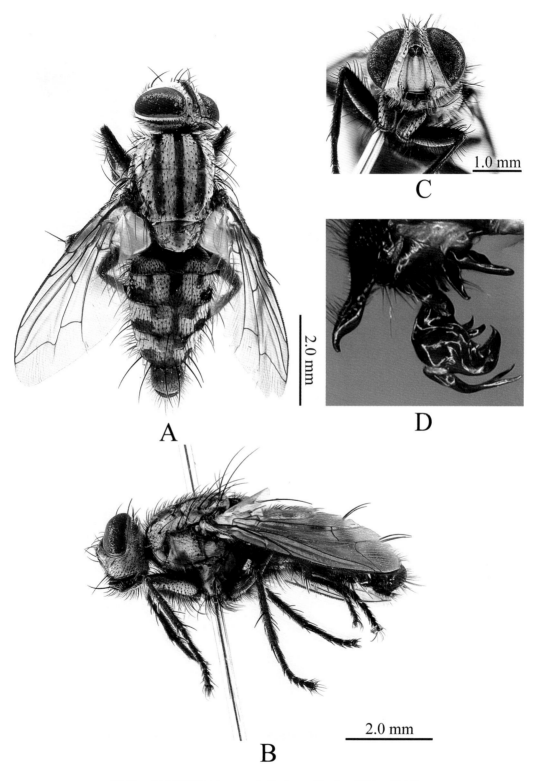

图40　曲突钩麻蝇*Harpagophalla kempi* (Senior-White, 1924)

A: 雄性背面观　B: 雄性侧面观　C: 雄性前面观　D: 雄性尾器

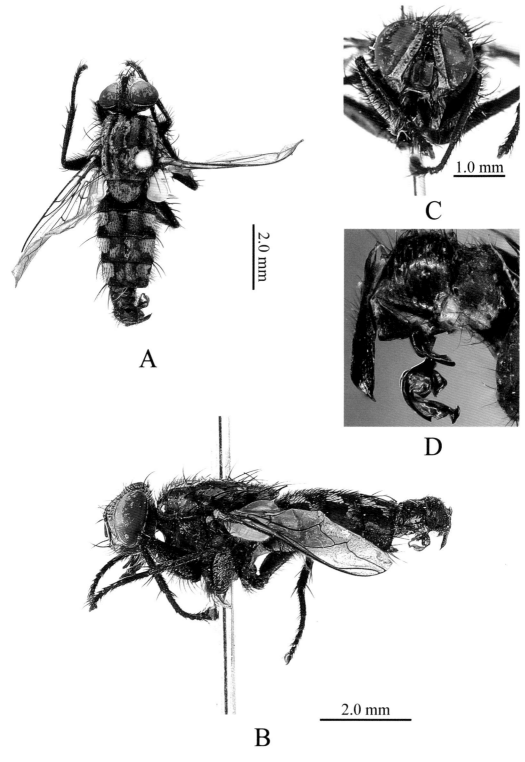

图41 小曲麻蝇*Phallocheira minor* Rohdendorf, 1937

A: 雄性背面观　B: 雄性侧面观　C: 雄性前面观　D: 雄性尾器

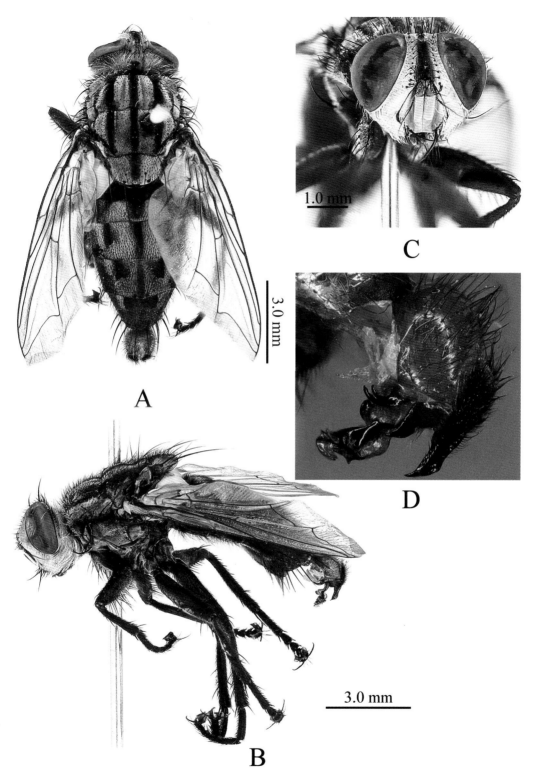

图42　绯角亚麻蝇 *Parasarcophaga* (*Liopygia*) *ruficornis* (Fabricius, 1794)

A: 雄性背面观　B: 雄性侧面观　C: 雄性前面观　D: 雄性尾器

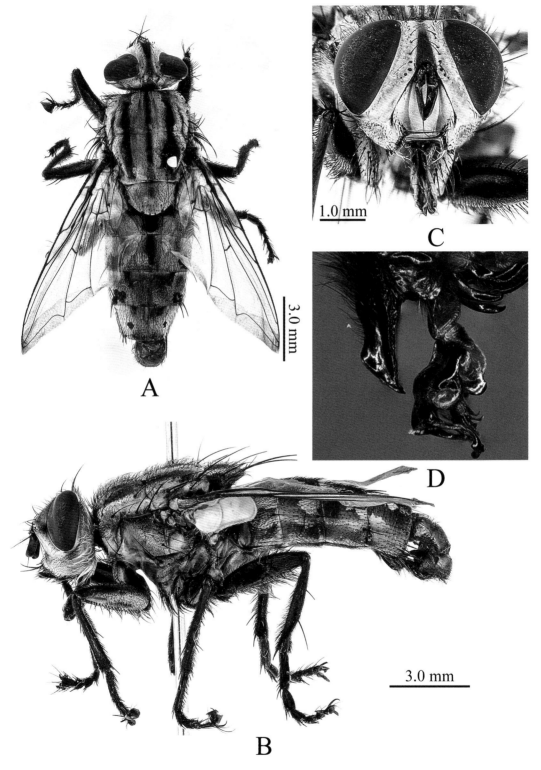

图43　肥须亚麻蝇*Parasarcophaga* (*Jantia*) *crassipalpis* (Macquart, 1838)

A: 雄性背面观　B: 雄性侧面观　C: 雄性前面观　D: 雄性尾器

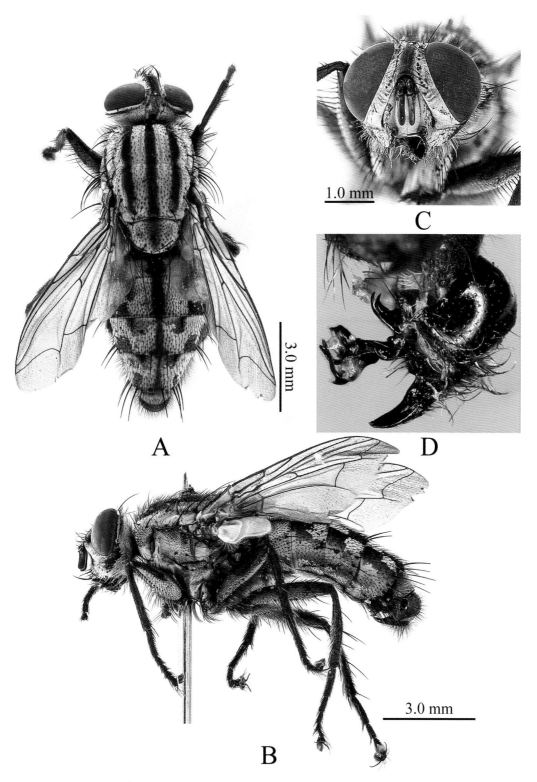

图44　酱亚麻蝇 *Parasarcophaga* (*Liosarcophaga*) *dux* (Thomson, 1868)

A: 雄性背面观　B: 雄性侧面观　C: 雄性前面观　D: 雄性尾器

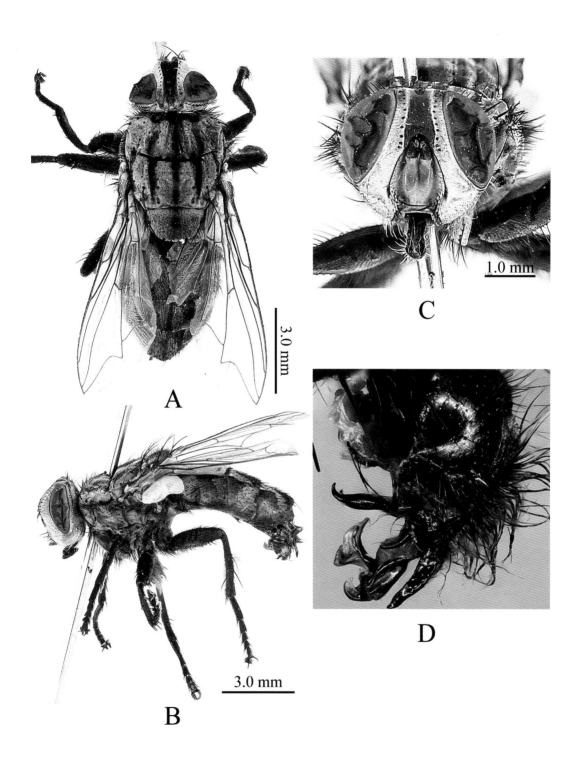

图45 黄须亚麻蝇 *Parasarcophaga* (s.str.) *misera* (Walker, 1849)

A: 雄性背面观　B: 雄性侧面观　C: 雄性前面观　D: 雄性尾器

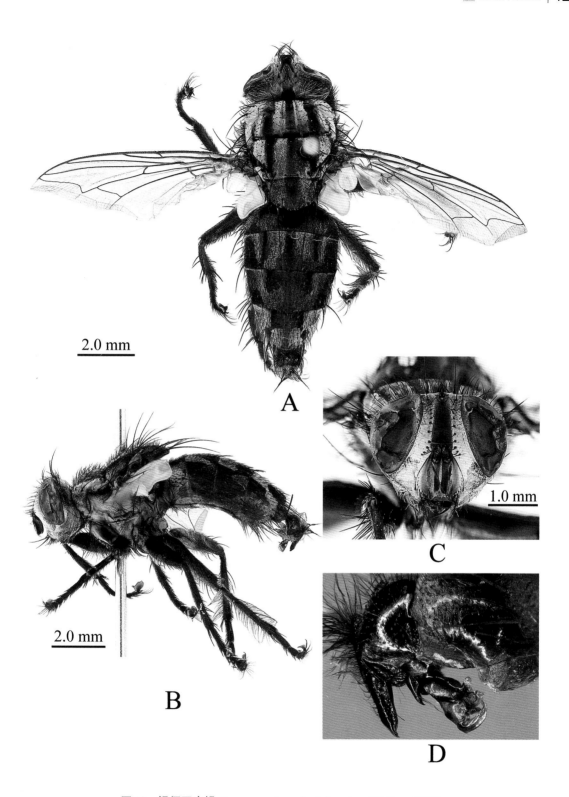

图46　褐须亚麻蝇 *Parasarcophaga* (s.str.) *sericea* (Walker, 1852)

A: 雄性背面观　B: 雄性侧面观　C: 雄性前面观　D: 雄性尾器

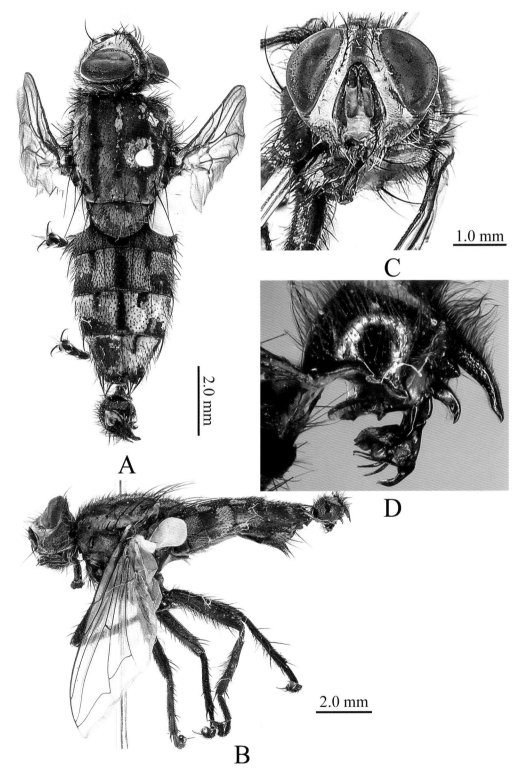

图47 埃及亚麻蝇 *Parasarcophaga* (*Liosarcophaga*) *aegyptica* (Salem, 1935)

A: 雄性背面观　B: 雄性侧面观　C: 雄性前面观　D: 雄性尾器

图48　蝗尸亚麻蝇 *Parasarcophaga* (*Liosarcophaga*) *jacobsoni* Rohdendorf, 1937

A: 雄性背面观　B: 雄性侧面观　C: 雄性前面观　D: 雄性尾器

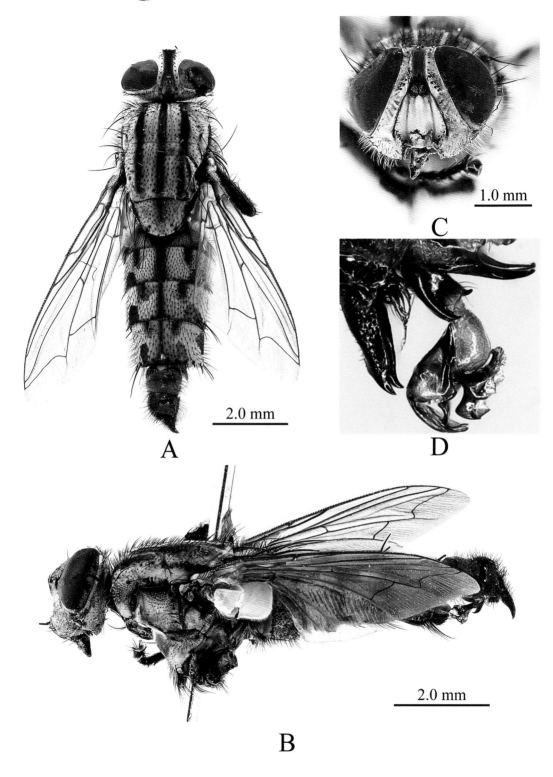

图49　白头亚麻蝇 *Parasarcophaga* (s.str.) *albiceps* (Meigen, 1826)

A: 雄性背面观　B: 雄性侧面观　C: 雄性前面观　D: 雄性尾器

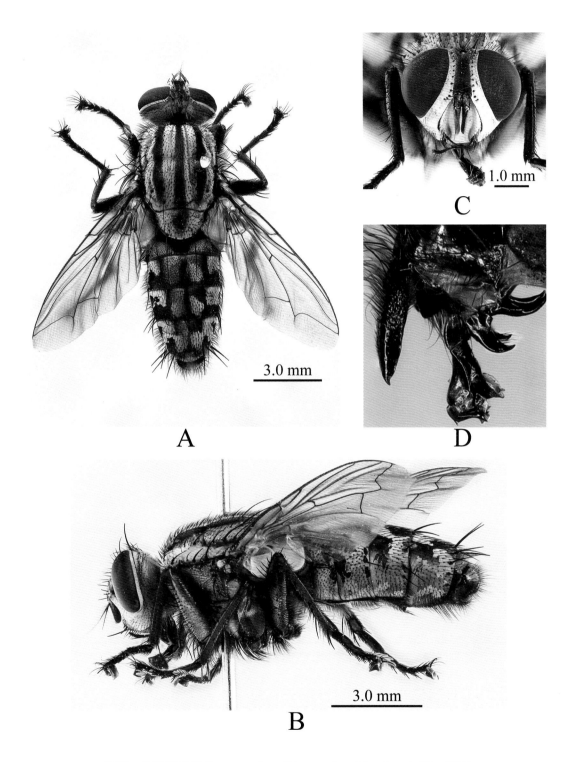

图50 短角亚麻蝇 Parasarcophaga(Liosarcophaga) brevicornis (Ho, 1934)

A: 雄性背面观 B: 雄性侧面观 C: 雄性前面观 D: 雄性尾器

图51　巨耳亚麻蝇*Parasarcophaga* (s.str.) *macroauriculata* (Ho, 1932)

A: 雄性背面观　　B: 雄性侧面观　　C: 雄性前面观　　D: 雄性尾器

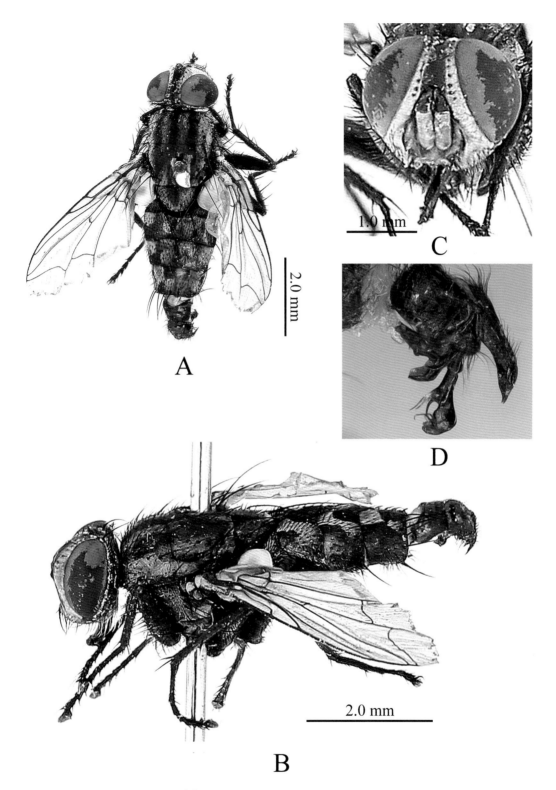

图52　秉氏亚麻蝇 *Parasarcophaga* (*Pandelleisca*) *pingi* (Ho, 1934)

A: 雄性背面观　B: 雄性侧面观　C: 雄性前面观　D: 雄性尾器

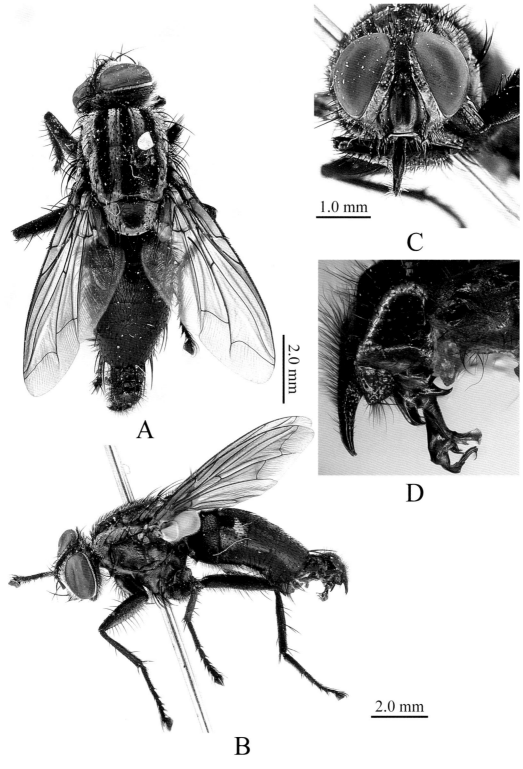

图53　兴隆亚麻蝇 *Parasarcophaga* (*Curranea*) *hinglungensis* Fan, 1964

A: 雄性背面观　B: 雄性侧面观　C: 雄性前面观　D: 雄性尾器

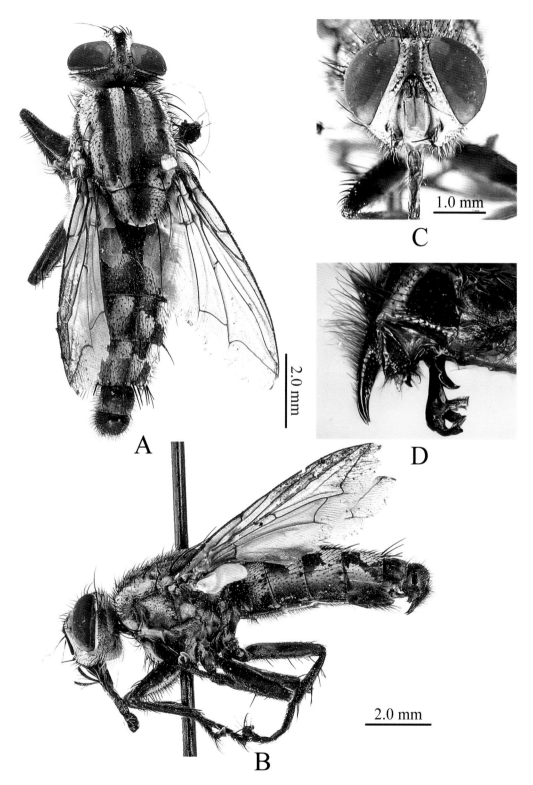

图54　义乌亚麻蝇 *Parasarcophaga* (*Curranea*) *iwuensis* (Ho, 1934)

A: 雄性背面观　B: 雄性侧面观　C: 雄性前面观　D: 雄性尾器

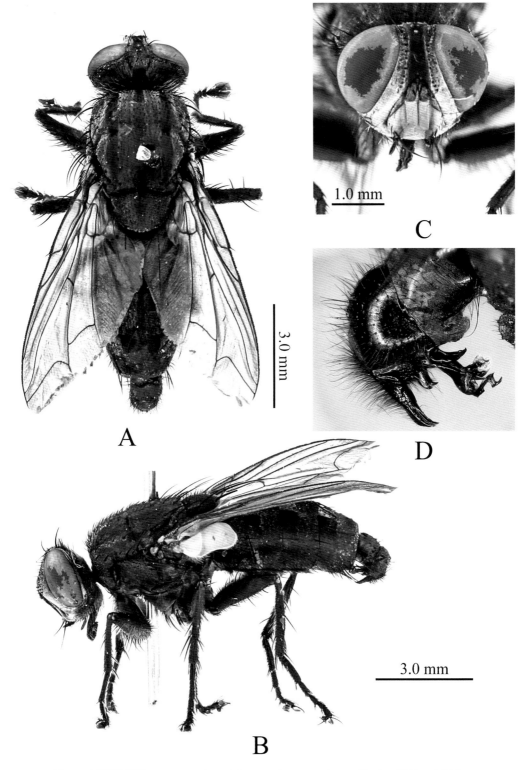

图55 叉形亚麻蝇 *Parasarcophaga* (*Curranea*) *scopariiformis* (Senior-White, 1927)

A: 雄性背面观 B: 雄性侧面观 C: 雄性前面观 D: 雄性尾器

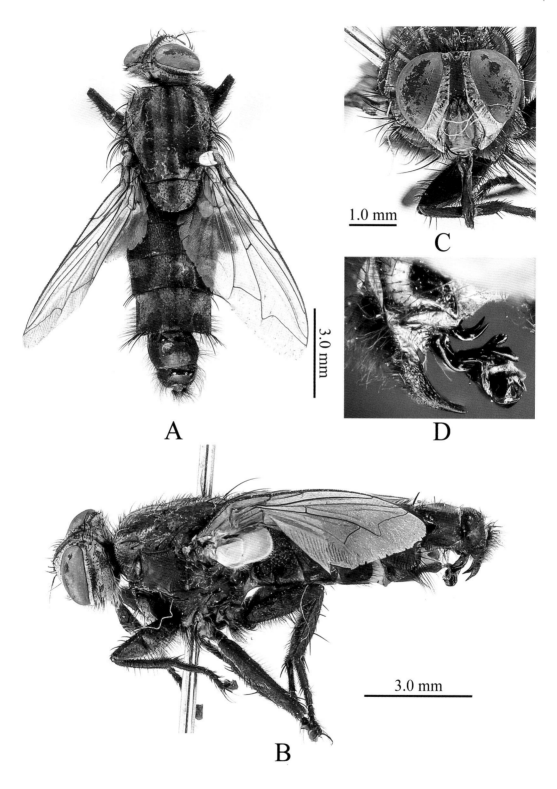

图56 巨亚麻蝇 *Parasarcophaga* (*Rosellea*) *gigas* (Thomas, 1949)

A: 雄性背面观 B: 雄性侧面观 C: 雄性前面观 D: 雄性尾器

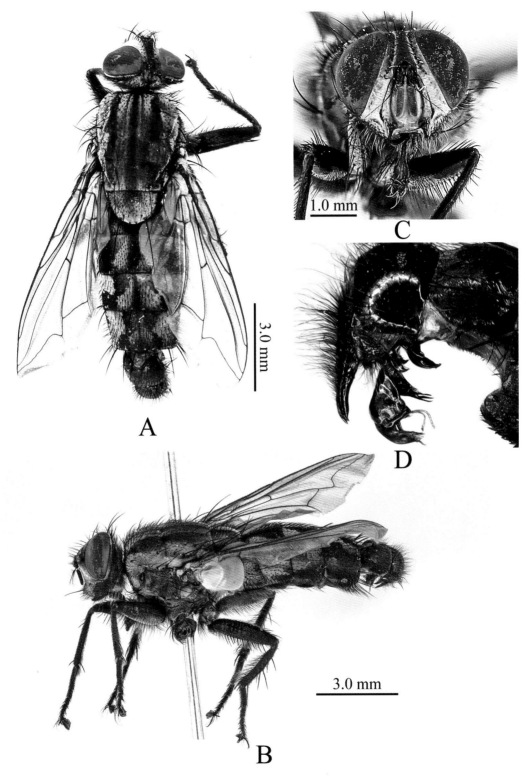

图57 拟对岛亚麻蝇 *Parasarcophaga* (*Kanoisca*) *kanoi* (Park, 1962)

A: 雄性背面观　B: 雄性侧面观　C: 雄性前面观　D: 雄性尾器

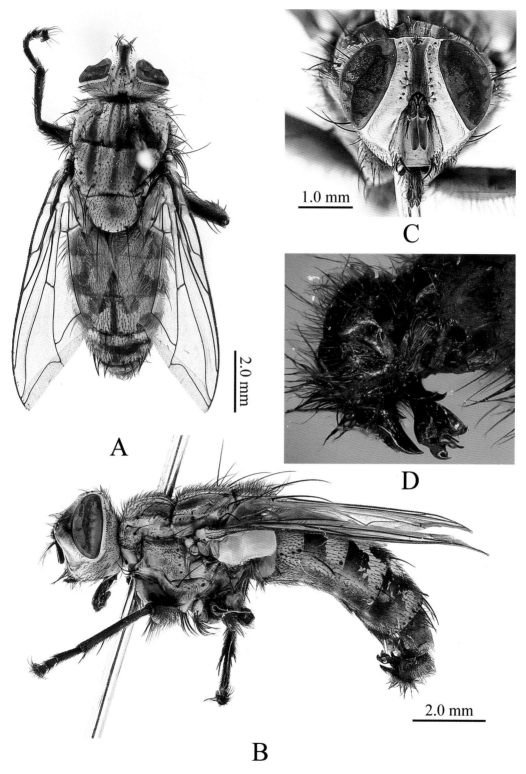

图58　胡氏亚麻蝇 *Parasarcophaga* (*Liosarcophaga*) *hui* (Ho, 1936)

A: 雄性背面观　B: 雄性侧面观　C: 雄性前面观　D: 雄性尾器

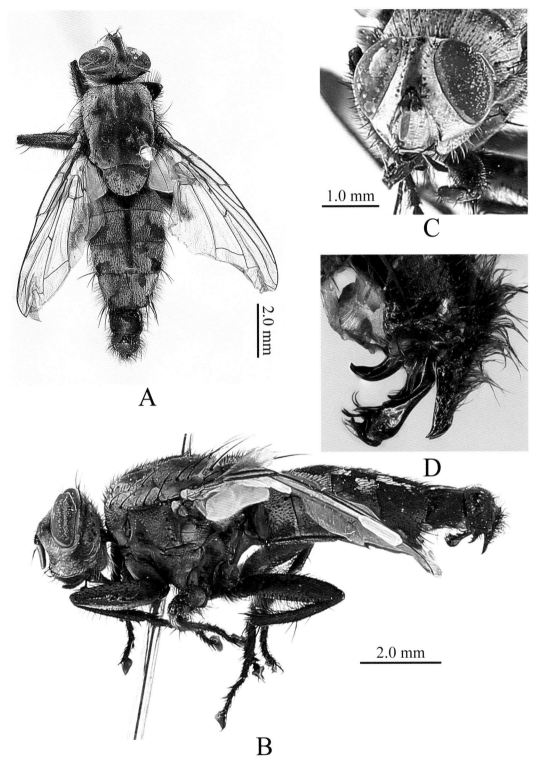

图59 多突亚麻蝇*Parasarcophaga* (*Pandelleisca*) *polystylata* (Ho, 1934)

A: 雄性背面观 B: 雄性侧面观 C: 雄性前面观 D: 雄性尾器

图60 结节亚麻蝇 *Parasarcophaga* (*Liosarcophaga*) *tuberosa* (Pandelle, 1896)

A: 雄性背面观   B: 雄性侧面观   C: 雄性前面观   D: 雄性尾器

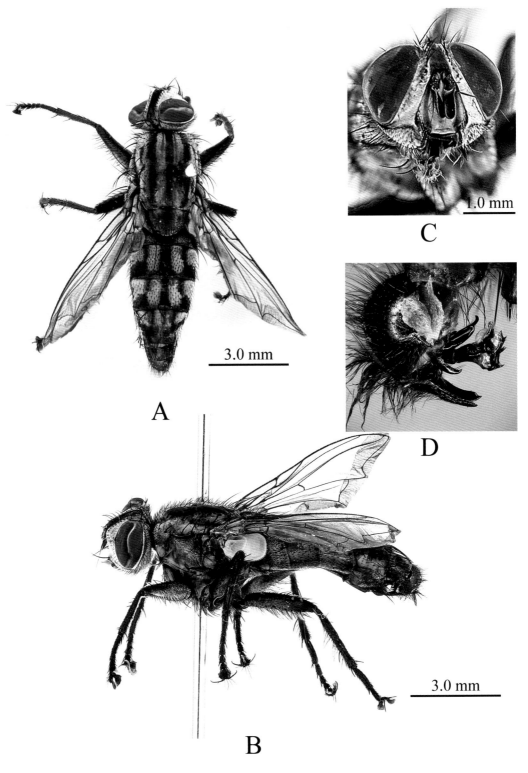

图61 贪食亚麻蝇 *Parasarcophaga* (*Liosarcophaga*) *harpax* (Pandelle, 1896)

A: 雄性背面观   B: 雄性侧面观   C: 雄性前面观   D: 雄性尾器

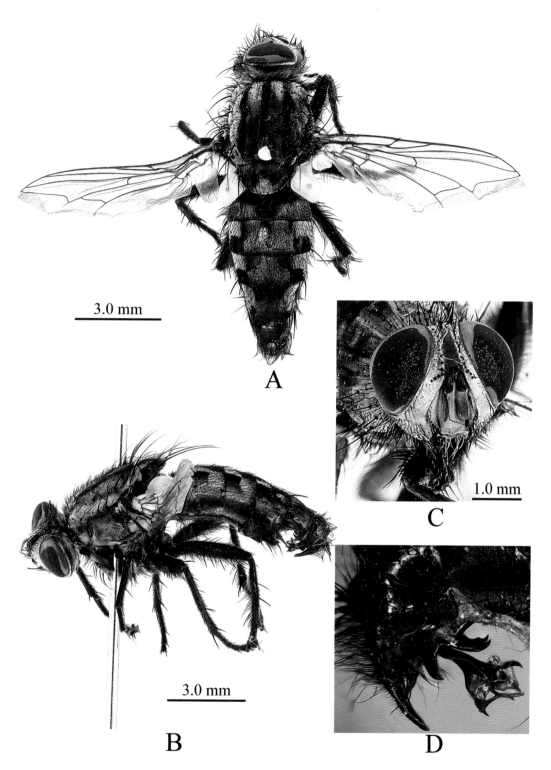

图62 波突亚麻蝇 *Parasarcophaga* (*Liosarcophaga*) *jaroschevskyi* Rohdendorf, 1937
A: 雄性背面观 B: 雄性侧面观 C: 雄性前面观 D: 雄性尾器

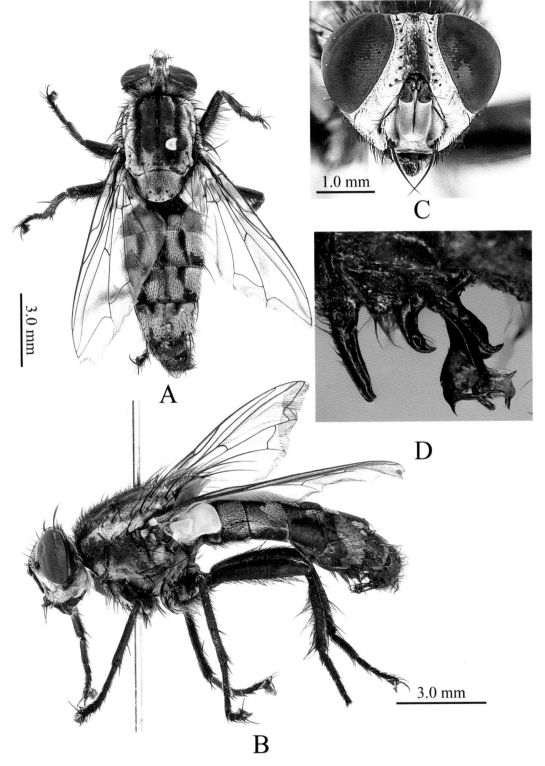

图63　急钩亚麻蝇 *Parasarcophaga* (*Liosarcophaga*) *portschinskyi* Rohdendorf, 1937

A: 雄性背面观　B: 雄性侧面观　C: 雄性前面观　D: 雄性尾器

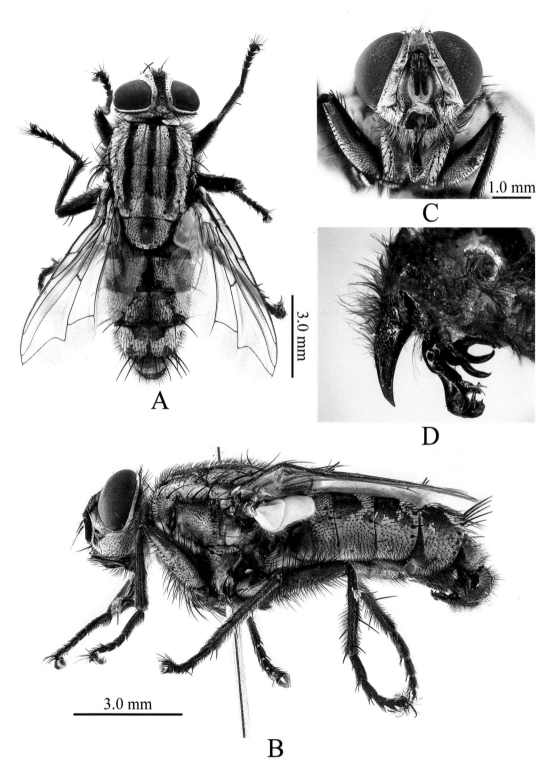

图64 野亚麻蝇 *Parasarcophaga* (*Pandelleisca*) *similis* (Meade, 1876)

A: 雄性背面观　B: 雄性侧面观　C: 雄性前面观　D: 雄性尾器

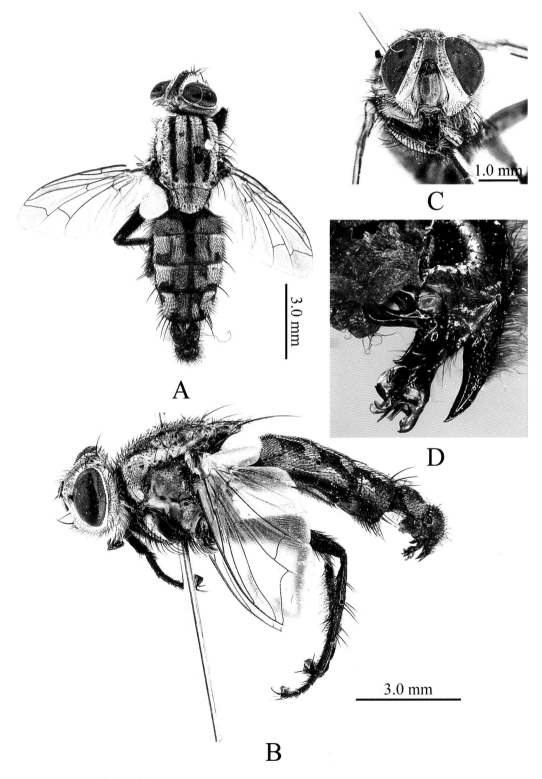

图65　华北亚麻蝇 *Parasarcophaga* (*Liosarcophaga*) *angarosinica* Rohdendorf, 1937

A: 雄性背面观　B: 雄性侧面观　C: 雄性前面观　D: 雄性尾器

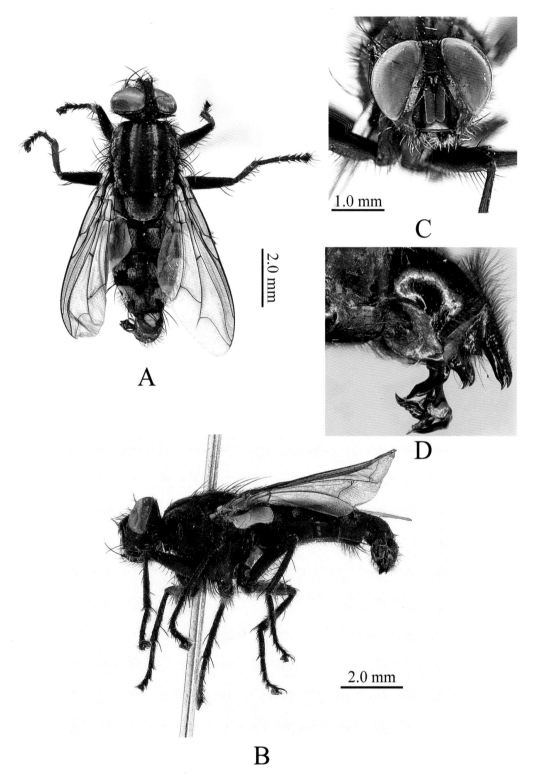

图66　锯缘琦麻蝇*Hosarcophaga serrata* Ho, 1938

A: 雄性背面观　B: 雄性侧面观　C: 雄性前面观　D: 雄性尾器

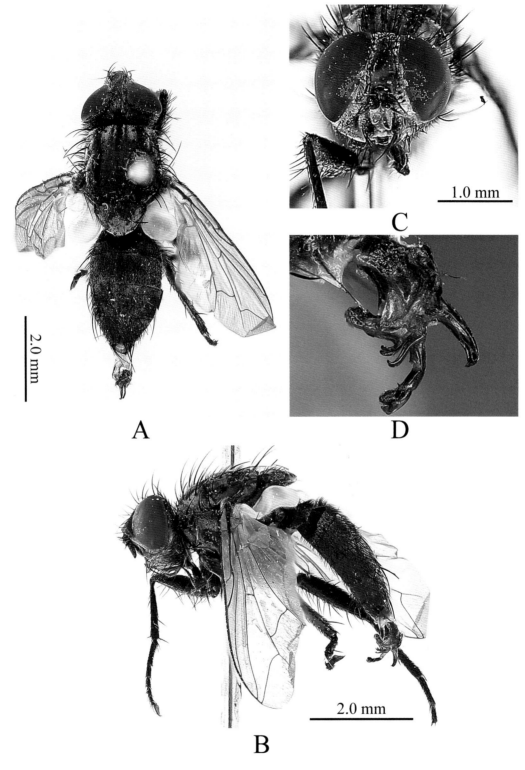

图67 拟宽脚折麻蝇 *Blaesoxipha sublaticornis* Hsue, 1978

A: 雄性背面观 B: 雄性侧面观 C: 雄性前面观 D: 雄性尾器

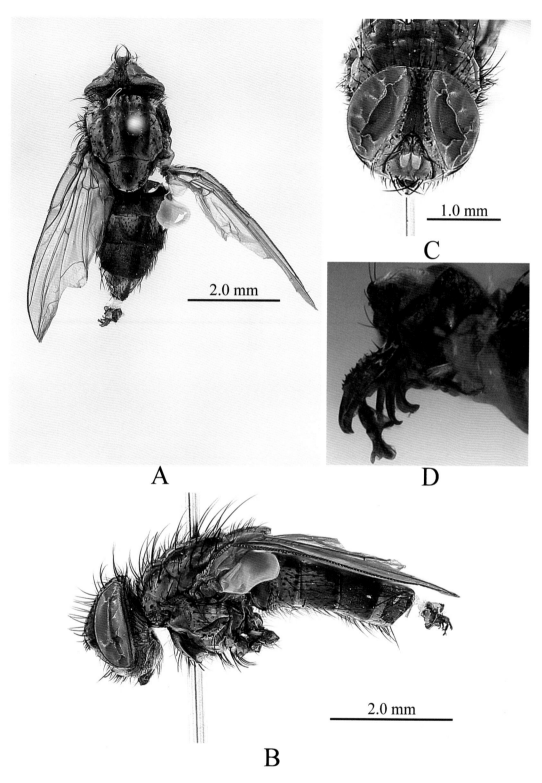

图68 斑折麻蝇*Blaesoxipha macula* Hsue, 1978

A: 雄性背面观 B: 雄性侧面观 C: 雄性前面观 D: 雄性尾器

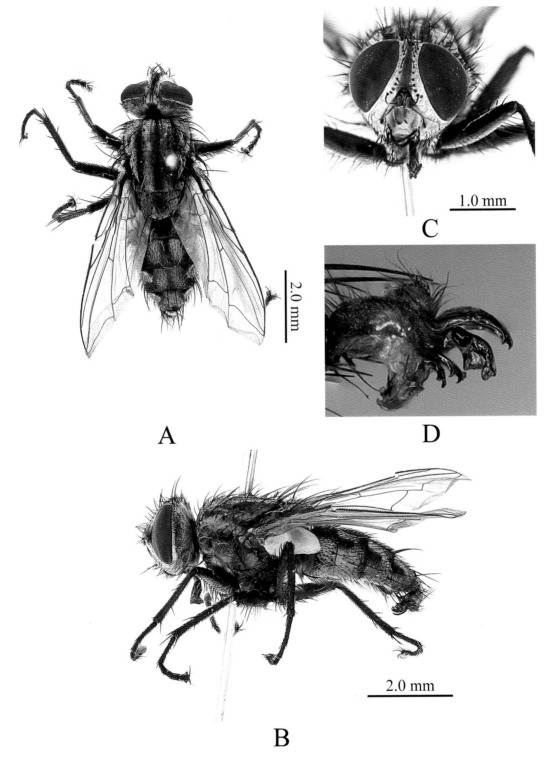

1.0 mm

2.0 mm

C

A

D

2.0 mm

B

图69　线纹折麻蝇 *Blaesoxipha campestris* (Robineau-Desvoidy, 1863)

A: 雄性背面观　B: 雄性侧面观　C: 雄性前面观　D: 雄性尾器

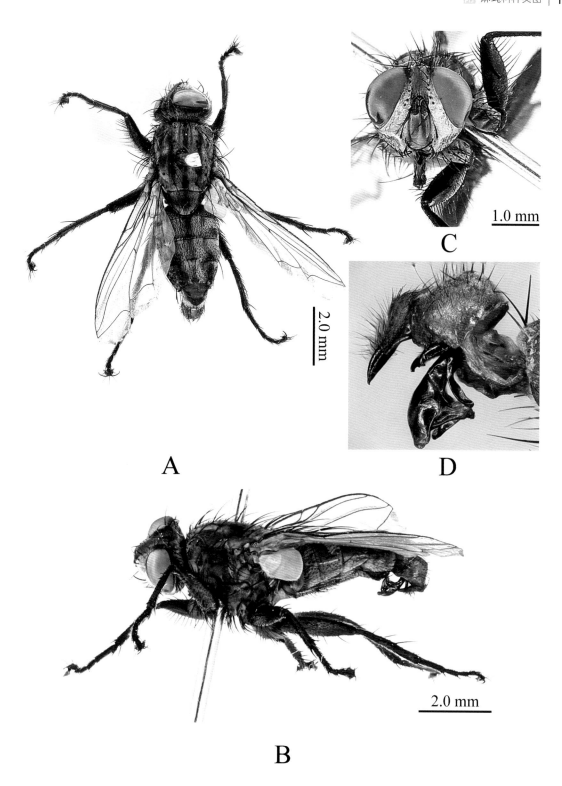

图70 红尾拉麻蝇 *Ravinia striata* (Fabricius, 1794)

A: 雄性背面观 B: 雄性侧面观 C: 雄性前面观 D: 雄性尾器

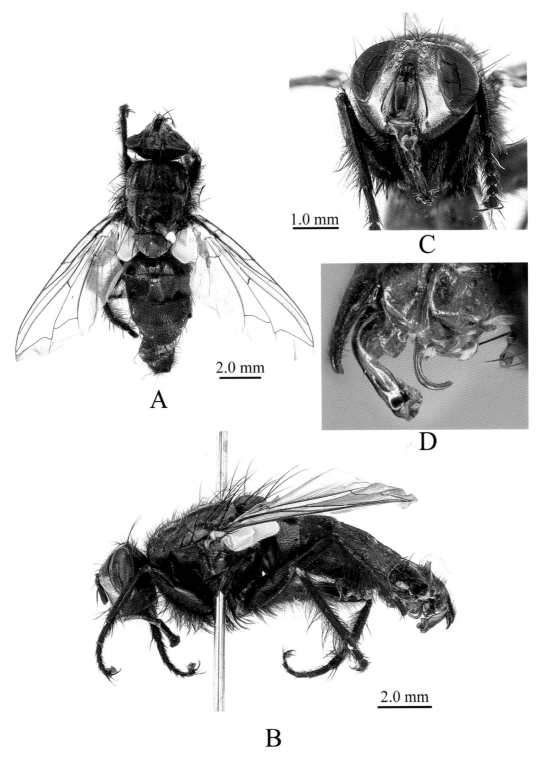

图71　陈氏污蝇*Wohlfahrtia cheni* Rohdendorf, 1956

A: 雄性背面观　B: 雄性侧面观　C: 雄性前面观　D: 雄性尾器

图72　亚西污蝇 *Wohlfahrtia meigeni* (Schiner, 1862)
A: 雄性背面观　B: 雄性侧面观　C: 雄性前面观　D: 雄性尾器

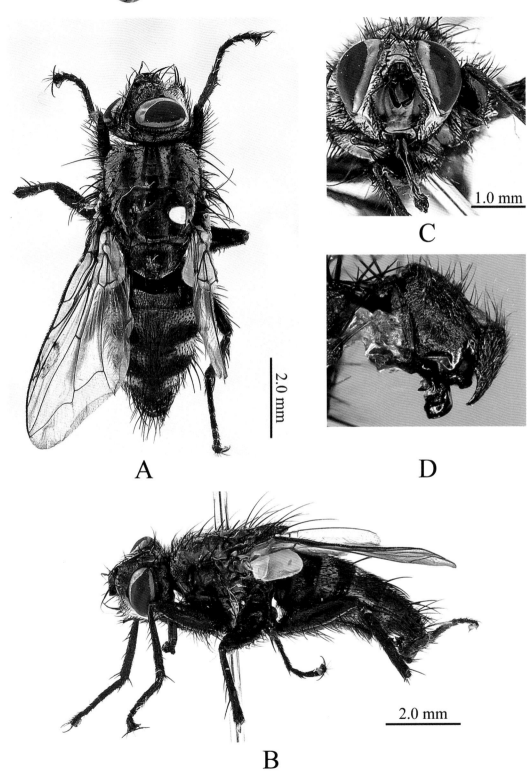

图73 寂短野蝇*Brachicoma devia* (Fallen, 1820)

A: 雄性背面观　B: 雄性侧面观　C: 雄性前面观　D: 雄性尾器

图74　茹长肛野蝇*Angiometopa ruralis* (Fallen, 1817)
A: 雄性背面观　B: 雄性侧面观　C: 雄性前面观　D: 雄性尾器

致　谢

　　本书在编写过程中，得到中山出入境检验检疫局各级领导和同事的大力支持；特别是局党组还特意成立了保障小组，在人力、物力和财力上最大限度地满足编写组的要求。

　　本书所涉及的蝇类的研究，是在国家科技支撑课题（2012BAK11B05）、广东省科技计划项目（2015A050502009）、国家质检总局项目（2015IK067、2015IK069）资助下完成的。特此声明，并特致感谢！